EL VECINO INVISIBLE

(Una aproximación impertinente a Portugal y a los portugueses)

Francisco José Faraldo

EL VECINO INVISIBLE

(Una aproximación impertinente a Portugal y a los portugueses)

Bohodón Ediciones

El vecino invisible
(Una aproximación impertinente a Portugal y a los portugueses)

Primera edición: abril de 2015

www.bohodon.es
Sector Oficios Nº 7
28760, Tres Cantos (Madrid)
e-mail: ediciones@bohodon.es

ISBN-13: 978-84-16355-15-0
ISBN-E-Book: 978-84-16355-16-7
Depósito legal: M-9508-2015

Printed in Spain by Ulzama

Créese generalmente más allá de los Pirineos que el portugués y el español son iguales y que el hombre de la Península es el mismo en Lisboa que en Cádiz. Es un error. Son dos pueblos tan diferentes en su carácter y naturaleza como en sus condiciones físicas.
Laura Permon, duquesa de Abrantes (Portugal a principios del siglo XIX)

Oh, Deus de Ourique, manda-nos os castelhanos.
Eça de Queiroz (Os Maias)

Hay un Pueblo en los confines de Iberia que ni se gobierna ni se deja gobernar.
Julio César

ÍNDICE

PRÓLOGO

Tengo muy vivo el recuerdo de la primera vez que avisté territorio portugués, una experiencia limitada a su observación en la distancia. Fue por el verano, y yo estaba de camping en un pinar, a la orilla del Miño, cerca de La Guardia. Al otro lado del río se extendía una larga franja de color verde, ribeteada por arenales, en la que destacaba el blanco caserío de Camiña. La vasta corriente de agua, crecida y adelgazada por el vaivén de las mareas, separaba dos mundos quizás diferenciados por muchas cosas pero sobre todo por algo muy importante: en una orilla, el Estado Novo -la siniestra dictadura de Oliveira Salazar, encarnada tras su enfermedad y muerte en la figura de Marcelo Caetano- había sido tumbado por la sublevación militar del 25 de abril de 1974, los portugueses disfrutaban de libertad y el país vivía un prometedor período de transformaciones sociales; en la orilla donde me encontraba, la dictadura franquista -ese régimen político mezcla de fascismo, nacional-catolicismo y militarismo- prolongaba su agonía, la represión se ejercía con la furia acostumbrada y, aunque cabía intuir un próximo final, nunca llegaba el momento del desenlace. Una noche, recostado ante la tienda de campaña, con la mirada puesta en el enjambre de luces de la otra ribera, presencié una exhibición de fuegos artificiales: un intermitente surtido de cohetes y bengalas se elevaba sobre el cielo de Camiña, que aparecía y desaparecía bajo el brillo fugaz de estrellas y palmeras de pólvora. Yo vivía el espectáculo con emoción y un doloroso sentimiento de agravio: Portugal era una fiesta y España, un país amedrentado, funeral, rancio, encogido bajo un poder despótico, una penitenciaría de la que resultaba complicado salir: el pasaporte estaba vedado para los desafectos al Régimen. Tras su apacible belleza, la desembocadura del Miño se erigía como un abismo.

A ojos de muchos españoles, al menos de la minoría social que hacía oposición al franquismo, la Revolución de los Claveles no solo fue motivo de esperanza sino que introdujo además una quiebra en la imagen deslustrada que de Portugal se tenía en España: un país pobre, rural, adocenado, falto de inventiva, triste, gustoso de canciones plañideras entonadas siempre por la misma señora, gobernado con crueldad por unos personajes que contagiaban grisura, dormido en los laureles de sus viejas glorias, agarrado como a un clavo ardiendo a un puñado de colonias que formaban un imperio anacrónico, etcétera. Portugal y España compartían muchas cosas: sus raíces en un viejo reino y con ello un remoto vínculo familiar, la contigüidad en una península esquinada del continente europeo, una vida política y social congelada a golpes de autoridad en un pasado aciago y una posición marginal en el contexto de una Europa próspera que avanzaba en su unidad y tenía como pilares las libertades democráticas y el bienestar social.

Pero, al mismo tiempo, había entre ambos países una relación de otredad, una clara y viciosa distinción entre nosotros y los otros, que al menos por parte española bebía en la idea de que los portugueses eran de peor suerte y que su situación en muchos ámbitos, tanto si se miraba al pasado como al presente, no resistía la comparación, de manera que esa operación producía un efecto claroscuro, embellecedor para el vecino de inmueble. Esa diferencia de condición, ese sentimiento de superioridad, expresión de una falsa conciencia, aportaba miserable pasto a un orgullo patrio tan banal como hambriento de satisfacciones. El cotejo con los países de la Europa de la CEE arrojaba un resultado bochornoso, pero Portugal venía a ser ese pariente humilde que por parangón situaba a España en la rama acomodada de la familia, y a quien seguramente a causa de ello se le daba la espalda e ignoraba. «¿A qué se debe este alejamiento espiritual y esta tan escasa comunicación de cultura? -se preguntaba Miguel de Unamuno en el libro *Por tierras de Portugal y España*- Creo que puede responderse: a la petulante soberbia española, de una parte, y a la quisquillosa suspicacia portuguesa, de la otra parte.»

El éxito de la insurrección militar del 25 de abril, las movilizaciones populares que vinieron a continuación y los cambios políticos, económicos y sociales que se anunciaban resultaron sorprendentes y daban noción de un país vital, de ideas avanzadas, poseído del coraje suficiente para quebrar la continuidad del salazarismo, sin tener que esperar -como en nuestro caso- a que la decrepitud y muerte del dictador dieran solución al problema. Ese vecino despreciado e ignorado se revelaba de repente como un sujeto digno de admiración, mucho más interesante de lo imaginado, poseedor de una rica sociedad civil, con organizaciones políticas sólidas que en las condiciones difíciles de la clandestinidad habían sabido extender su influencia, servido por una milicia que había vuelto sus armas contra los opresores, listo para romper esquemas y dar lecciones.

Aunque nunca faltaron entre nosotros estudiosos de la cultura portuguesa, atraídos por su riqueza y rasgos singulares, y personalidades de tradición republicana o libertaria que alimentaban el sueño de un vínculo federal entre los pueblos de la península Ibérica, la Revolución de los Claveles y los subsiguientes sucesos despertaron entre sectores sociales más amplios la curiosidad por ese país del que nos separaban un rosario de tópicos y una larga frontera. Durante años Portugal se puso de moda. El fracaso del impulso transformador propiciado por el Movimiento de las Fuerzas Armadas, en lo relativo sobre todo a sus aspiraciones en materia económica y social, y la configuración tanto en Portugal como en España de regímenes democráticos más o menos homologables con los del resto de Europa, en los que hallaron cómodo asiento viejos y emergentes poderes oligárquicos, acabaron esfumando el hechizo. Para muchos españoles, sobre todo jóvenes, Portugal se convirtió en un lugar de vacaciones asequible, confortable y no desprovisto de encanto; hasta que la globalización hundió el negocio, gentes de todas las edades se acercaban a sus poblaciones fronterizas los fines de semana para adquirir a precios de saldo toallas y piezas de algodón; otros, menos numerosos, descubrieron en el país una muy estimable nómina de escritores, donde despuntaban Pessoa, Saramago, Lobo Antunes y el italiano reconvertido en portugués, Antonio Tabucchi, o cineastas de talla como Manoel de Oliveira o le cogieron gusto a los fados, en la voz de una Amália Rodrigues rediviva o en la de Mariza, o sumaron a su colección de música cedés de Madredeus o de Rodrigo Leão. Pero, como rasgo crónico, dominante en la conciencia social, para una gran mayoría de españoles Portugal continuó siendo ese vecino invisible del que con tanto acierto nos habla en este libro Francisco José Faraldo. Parafraseando a un dictador mejicano de infeliz memoria, a quien como principal mérito cabe atribuir una reflexión ingeniosa, bien puede decirse que Portugal está tan cerca de España como lejos de los españoles.

El vecino invisible (una aproximación impertinente a Portugal y los portugueses) es una obra que se propone -según confesión de su autor en Nota preliminar- describir cómo son Portugal y los portugueses y nuestra relación con ellos. La idea no puede ser más oportuna. Desvelar el rostro borroso de nuestros vecinos, empañado por el desdén y los prejuicios, tomar nota de lo que se ve o se cree ver cuando nos miramos mutuamente y derruir las medianeras que separan a pueblos tan unidos por la historia y la geografía, son tareas harto necesarias. El libro no es una guía turística de Portugal -se nos advierte en sus primeras páginas-, pero en sus páginas hay mucho de guía espiritual, expuesta a menudo en confrontación con algunos hábitos de los españoles.

Quien realiza esa labor es un escritor con buen conocimiento de causa, que por su singladura vital dispone de la posibilidad de juzgar a unos y otros desde dentro y desde fuera, al ejercer a un mismo tiempo los papeles de actor y de espectador, una doble posición que le facilita percibir lo común y lo diferente. La suya no es una mirada de antropólogo sino de ciudadano que contempla el panorama con sorna, desenfado, perspicacia, espíritu crítico y una buena dosis de empatía, lo que no le impide en ocasiones efectuar un medido reparto de sopapos y carantoñas. De ahí que el propio autor califique de impertinente su aproximación a Portugal, pero no hay en su texto agravio que justifique un duelo.

Así, pues, cuenta Francisco José Faraldo con un espléndido bagaje para acometer esa tarea. De un lado, porque como buen gallego no se ha privado de abandonar su tierra y dar una pequeña vuelta por el mundo, con escalas en Madrid, Mieres y Gijón, pero, a diferencia de otros compatriotas suyos, cuando entendió llegado el momento del regreso, o no calculó bien la frenada o lisa y llanamente optó por pasar de largo y asentar sus reales en ese antiguo reino crecido al sur del Miño. Tiene pues en su haber sobradas vivencias como español y como portugués. De otro, reúne la triple condición de enseñante -tanto en el ejercicio directo de la docencia en España y Portugal como en la asunción de otras responsabilidades sobre la enseñanza pública-, persona comprometida políticamente y autor de una abundante producción escrita: un poemario, *Prédica del iluso*, que obtuvo el premio Trivio; una colección de textos poéticos, *5 textos portugueses*; dos obras de teatro, *Centinelas* y *Chanza de la mujer con panza y el marido sin apenas esperanza*, deudoras de la moda del absurdo; traducciones de una pieza teatral -*La isla*, obra del escritor sudafricano Athol Fugard- y de estudios sobre pedagogía musical del belga Jos Wytack; un trabajo sobre creatividad lingüística, *A palabras recias, oídos sordos*; colaboraciones en antologías poéticas, en un libro sobre pedagogía musical y en la recopilación de canciones asturianas para cantar, tocar y bailar; un libro de investigación socio-cultural, *Asociación Amigos de Mieres*; y numerosos artículos de prensa en diarios y revistas.

Acompañados de narrador tan equipado los lectores accedemos en *El vecino invisible* a un mundo que en ocasiones nos resulta familiar y con más frecuencia sorprendente. Si los españoles nos miráramos en ese espejo, unas veces identificaríamos al personaje, otras no nos veríamos y a menudo observaríamos una imagen que, compartiendo facciones con nosotros, está surcada de trazos bien singulares. La obra es un compendio de observaciones agudas, anécdotas curiosas que invitan a la sonrisa o a la risa, análisis de acontecimientos históricos -en particular el proceso iniciado el 25 del abril de 1974-, homenajes a la cultura portuguesa y envidiables recorridos por tabernas donde se rinde culto al fado o, en forma de poema rotulado en las paredes, a la expresión de los sentimientos populares. Francisco José Faraldo desnuda el carácter de los portugueses, examina su peculiar actitud ante sucesos trascendentales, denota su abuso de las formas de cortesía, exteriorizadas mediante un ritual encubridor de los propios sentimientos, registra el respetuoso cuidado en el manejo de la lengua, que inclina al hablante al constante empleo de perífrasis, insiste en la creatividad de un pueblo que destaca por constituir un hervidero de artistas con talento y acusa el influjo que en el día a día ejercen fenómenos e instituciones como el fútbol, el fado, la familia o la devoción a la Virgen de Fátima -qué buen criterio el de esa señora cuando se abstuvo de repetir la hazaña en alguna de nuestras majadas. A riesgo de ser arbitrario y dejar en sombra otros temas de interés, hay en el libro tres asuntos que me llamaron particularmente la atención.

En primer lugar, capítulo tras capítulo va emergiendo un catálogo de los principios que rigen la vida social y pública de los portugueses: la no inscripción -el rechazo a sentirse apelados por acontecimientos que habrían de transformar su sentido de la vida-, el exceso de identidad, el culto a las apariencias y en los medios urbanos la pasión por lo último -víctimas sus habitantes de ese «monstruo amable» del que nos habla en un libro Raffaele Simone-, la no simultaneidad en el desempeño de tareas sencillas, el burocratismo y la profusión ordenancista, la primacía de los afectos, el compadreo, la ignorancia de la tiranía del reloj, excepto para el horario de las comidas, y otras actitudes no exentas de contradicción como la irresponsabilidad jerárquica y al tiempo la delegación hacia arriba o el fatalismo y la absoluta confianza en las propias capacidades, etcétera. A título de ejemplo, en Portugal es de mala educación contestar a una pregunta con monosílabos o aplaudir sentados una acción digna de ese homenaje. «Me decía una vez Guerra Junqueiro -confiesa Miguel de Unamuno- que el español más creyente y piadoso, alguna vez en su vida, al encontrarse en momento de grande contrariedad y aprieto, ha dejado escapar de su boca una blasfemia..., mientras que el portugués más incrédulo y más impío en semejante circunstancia suspiraría un *Valha-me Nossa Senhora!*»

En segundo lugar, el lector se sorprende de la enorme carga expresiva que con circunloquios o sin ellos posee la lengua portuguesa: el pillo es un *chico-esperto*, el chapuzas *un faz-tudo*; cuando alguien requiere de otro que espere un momento, la duración de ese lapso de tiempo es *só um bocadinho*, el ahorita mismo de los mejicanos se convierte en *volto já*; no hay enfermos o accidentados en peligro de muerte sino *em perigo de vida* y de quien fallece se dice *que ya está na terra da verdade.* Afirmaba Cervantes que la lengua portuguesa es como el castellano pero sin huesos. Cualquiera que sea el parecido entre un idioma y otro, no cabe duda de que un rasgo de la lengua de nuestros vecinos es la libertad que les otorga para hacer en el uso de la palabra llamativas contorsiones. A lo que cabe añadir, frente a la incompetencia de los españoles, la facilidad de los portugueses para el aprendizaje de otras lenguas.

En tercer lugar, resulta particularmente apreciable la inmersión que Francisco José Faraldo realiza en las humildes tabernas de Lisboa y sus alrededores, donde se mantiene en toda su vitalidad la afición por el fado, cuyo vagabundeo de tasca en tasca le hace recibir el nombre de fado *vadio*. Se trata en mi opinión de la parte más literaria del libro. En el fado –nos cuenta– el sentimiento es la máxima categoría estética, de manera que en ocasiones el fadista renuncia a cantar por no hallarse emocionalmente preparado, sin que ante tan poderosa excusa surja reproche alguno. Viola, guitarra y fadista ofrecen una visión del mundo en comunión con el auditorio, partícipe de unas vivencias que se nutren de infortunadas historias de amor, desgracias familiares, injusticias y miradas críticas o picarescas sobre la realidad. El itinerario por una serie de tascas, identificadas con nombre y dirección, nos hace visitar locales en cuyas paredes conviven carteles con iconos religiosos y desnudos femeninos, dotados de atributos de alto voltaje, y avisos sobre normas de urbanidad que nunca prohíben el canto, y entrar en contacto con fadistas *amadores*, taberneras que imponen su autoridad, personajes extravagantes, parroquianos que meriendan y conversan entre actuación y actuación y clientes que afrontan los sinsabores de la vida con vino peleón y el consuelo de unos fados.

Hace unos cuantos años visité Estambul y no pude por menos de entrar en un baño turco, destino inevitable para turistas que se abandonan a tentaciones horteras. Antes de aterrizar en la elegante cúpula central, luego de recorrer diversos espacios diferenciados por el grado de calor, coincidí en una estancia con un grupo de individuos que, al interrogarnos unos a otros sobre nuestro país de origen, descubrimos que todos éramos españoles y portugueses. El hallazgo de esa común procedencia causó en el conjunto una risa cómplice, densa en sus significados, que excusaba de explicaciones sobre afinidades, pues a unos miles de kilómetros de la península Ibérica resultaba bien evidente la fuerza de nuestros lazos de vecindad.

Miguel Rodríguez Muñoz

NOTA PRELIMINAR

Hemos de advertir que este libro tiene poco que ver con una guía turística y será de escasa utilidad para quienes pretendan planificar itinerarios o informarse sobre monumentos y lugares de interés. Su objetivo no consiste en indicar qué ver y adónde ir en Portugal, sino en describir cómo son sus habitantes y cómo es nuestra relación con ellos; se trata de contribuir a entender mejor un país que, contrariamente a lo que se cree, presenta grandes diferencias con España en su forma de estar en el mundo, confrontarse con las situaciones cotidianas o interpretar su propia historia. Lo que aquí se ofrece es la visión de quien observa desde un ángulo poco habitual e intenta descubrir aspectos que suelen permanecer ocultos bajo la capa de los tópicos y los lugares comunes. De ahí la elección de los dos adjetivos que figuran en el título; el primero -"invisible"- remite a la necesidad de que los españoles presten más atención a la otra gran tribu peninsular, porque la displicencia y el desinterés nos han hecho perder abundantes oportunidades de compartir energías y desarrollar proyectos que probablemente nos habrían permitido ocupar otro lugar en el conjunto de las naciones. El segundo adjetivo -"impertinente"- se refiere a la informalidad del enfoque en el abordaje de un texto que de manera deliberada se sale de lo políticamente correcto.

Hay en el librito una utilización frecuente del humor, herramienta que ayuda a ejercitar el pensamiento divergente y a poner a la vista perfiles inéditos de la realidad y de la historia. En este sentido lo tuvimos fácil, porque a pesar de que durante siglos, portugueses y españoles, más que a entenderse y colaborar, se han dedicado a guerrear o a ignorarse, no abandonaron cierta preocupación por aparentar una fraternidad ficticia. Para no dar la impresión de llevarse mal con el vecino, montaron numerosos eventos perfectamente inútiles, como el Pacto Ibérico o las periódicas Cumbres entre gobiernos que son imposibles de explicar sin recurrir al humor. Tales artilugios, por su naturaleza próxima al esperpento, producen sin parar numerosas situaciones que Miguel Gila no hubiera dudado en incorporar a su repertorio.

En los momentos más serios hemos intentado ser rigurosos (lo que no quiere decir asépticos) al tratar asuntos como la revolución de abril del 74 que, a nuestro modesto entender, está mal e insuficientemente contada en las versiones más difundidas en España.

Todo ello desde la perspectiva de alguien que optó desde hace muchos años por vivir y trabajar en Portugal, país al que ama y a veces detesta tanto como al suyo de origen.

El autor.

0. EL LUGAR DONDE NADA SE INSCRIBE

Portugal, según Gil

La no inscripción, fenómeno formulado por José Gil en *Portugal hoje-O medo de existir* (Relógio D'Agua, 2005), actúa sobre la vida portuguesa como un principio universal que la condiciona en su totalidad. Según José Gil, un acontecimiento se inscribe cuando transforma el sentido de la vida, cuando nos marca. E ilustra su teoría contando lo siguiente: «Cuando volví a Portugal en 1982, asistí en televisión al relato de una violación hecho por la mujer que la había sufrido. El periodista le preguntaba: *¿Qué haría usted a su violador si se encontrase ahora con él?* Y ella con una voz tenue y dulce respondió: *Le diría: Pero, ¿por qué hizo usted eso?* Me quedé estupefacto. En otro país hubiera oído reacciones de venganza e indignación. Algo había en aquellas palabras que yo no entendía. ¿Por qué? Porque el acto de la violación no se había inscrito». La guerra colonial mantenida en África hasta la revolución de abril de 1974 es otra muestra de no inscripción, según Gil. «Durante muchos años ni siquiera se hablaba sobre un acontecimiento que tuvo dimensiones trágicas para todo el pueblo portugués. Hasta que se supo que existían asociaciones de personas psicológicamente traumatizadas que habían vivido todo ese tiempo en una especie de clandestinidad informativa inexplicable». La no inscripción, como se ve, actúa tanto a nivel privado como social. José Gil redondea la explicación con las siguientes palabras: «La no inscripción vive de lo inmediato. No somos capaces de llegar lejos. No tenemos proyectos a largo plazo ni para nuestras vidas, ni para la existencia colectiva, incluso en la actividad empresarial se piensa muy a corto plazo. Y esa manera de vivir el tiempo tiene que ver con nuestra forma de ser, que es un continuo saltar de aquí para allá».

Nada se inscribe. No obstante, hay momentos en que el filósofo muestra su confianza en el fin del marasmo que parece consustancial a la vida portuguesa. El 2 de marzo de 2013 tuvo lugar la mayor manifestación de indignados contra el gobierno y la intervención de la Troika en Portugal. Con tal motivo, Gil escribía un artículo titulado «De la no inscripción a la violencia», en el que criticaba la falta de respuesta del gobierno y su actitud de ignorar totalmente el acontecimiento. En su opinión, «la dureza insoportable de la situación, que empobrece, humilla, roba el trabajo, el espacio y las fuerzas al pueblo», podría, por una vez, hacer que este saliese del «limbo pantanoso» en el cual la no inscripción se produce e impide que nada acontezca. Y anunciaba que los portugueses entraban en un proceso de cambio de mentalidad en el que «el caos pastoso» comenzaba a disiparse y parecía dar paso a un nuevo modo de expresión que poco a poco se libertaba «de la queja permanente, del masoquismo, de la suave paranoia de sus alegrías», es decir, de la «no inscripción», intentando con su lucha abrir un camino en lo real. La manifestación del 2 de marzo de 2013 fue una de las más silenciosas que se recuerdan y congregó a multitud de grupos heterogéneos junto con numerosos participantes solitarios y también mudos. No había símbolos políticos ni consignas al uso. «A los manifestantes les bastaba estar allí -continúa el filósofo- afirmándose con la mera presencia contra quien los anula y trata de hacerlos desaparecer... Tras el silencio contenido se esconde una energía no codificada ni canalizada por ideologías o partidos. ¿Quién puede garantizar que de esta fuerza sofocada por la violencia del sistema no surgirá otra violencia desnuda y sin control?».

La Revolución del 74 es también una muestra de no inscripción en la historia reciente de Portugal. Las nuevas generaciones lo ignoran casi todo sobre aquel que fue el acontecimiento más importante en su país durante el siglo XX y, en las conversaciones de los adultos, el tema de la revolución ha desaparecido. Los manuales escolares pasan como sobre ascuas por los sucesos del «verano caliente», o por las transformaciones realizadas en el PREC (Proceso Revolucionario en Curso), pese a que en estos periodos se produce una intensa lucha de ideas (y de clases), que son la clave de la evolución económica y socio-política de Portugal hasta nuestros días; el papel de algunos partidos -el comunista, sobre todos- es silenciado o manipulado y la reforma agraria, que obtuvo resultados espectaculares en la primera fase posrevolucionaria, apenas se menciona si no es para denostarla; figuras eminentes y decisivas para entender aspectos esenciales de la revolución, como el general y primer ministro Vasco Gonçalves, no son citados en la mayoría de los textos. La no inscripción convive con un sentimiento de desmoralización colectiva amplificado por la crisis, y los ciudadanos aún se preguntan por qué la libertad conquistada en 1974 y el fin de la guerra colonial no produjeron prosperidad y justicia distributiva. La guerra colonial, un hecho tabú cuya sombra transita silenciosamente por la conciencia de miles de excombatientes portugueses, es una losa que pesa en la memoria colectiva, pero no se expresa; una guerra atroz cargada de dolor e imágenes insoportables que los portugueses no quieren recordar, y menos en presencia de extranjeros, pero que tuvo el efecto de producir el 25 de abril y la consiguiente liberación de la dictadura.

Los contados intelectuales que se han dedicado a reflexionar sobre el carácter colectivo portugués (José Gil y Eduardo Lourenço entre ellos), consideran que el país sufre de un «exceso de identidad» que en ciertos momentos llega al paroxismo. En el fútbol, como referimos en otro lugar del texto, esta característica es bien notoria y puede llegar a producir un exceso de inscripción en momentos determinados, de ahí que Lourenço calificase de *orgia identitária* el trance casi místico en que el país cayó cuando en 2014 murió el futbolista Eusébio, culminada con la decisión unánime de la Asamblea de la República declarándole merecedor de reposar en el Panteón Nacional.

El 25 de abril de 1974, al contrario que el caso Eusébio sería, sin embargo, un ejemplo de no inscripción en el sentido apuntado por Gil. La incapacidad para fijar y aprender de la historia tiene en esta ocasión el efecto de que en Portugal vuelven a mandar las mismas familias potentadas de entonces, que hoy diversifican su actividad para mejor servir a otra dictadura: la del mercado. Así, una elite minúscula en la que se encuadran la gran banca y la casta política que gestiona sus intereses, concentra en sus manos la riqueza, defrauda, esquilma y acumula ganancias al abrigo de un régimen fiscal hecho a su medida. Los escándalos se suceden, pero una justicia lentísima y apocada permite que gran parte de los procesos prescriban y dejen impunes a corruptos notorios que campan a sus anchas por los territorios de la política y las finanzas. En el aspecto económico, la patronal de los sectores beneficiados con los fondos europeos no invirtió en su modernización, perdió competitividad y provocó el cierre de cientos de fábricas textiles y de calzado. El estado se dedicó con entusiasmo a la creación de una red casi infinita de autopistas (de pago, eso sí), estadios e instalaciones megalómanas perfectamente prescindibles que, en su criterio, iban a mejorar sustancialmente la imagen de Portugal, atrayendo a millones de ciudadanos del universo deseosos de conocer el milagro desarrollista lusitano. Mientras se producía este cúmulo de despropósitos y derroche fácil, se hipertrofiaba artificialmente el sector servicios, se incentivaba a los pescadores para que desguazasen sus embarcaciones y se abandonaba la agricultura hasta el extremo de que los productos portugueses de calidad son caros o inencontrables en las grandes superficies, y las cestas de la compra han de abastecerse de ajos chinos, leche polaca, patatas francesas y cebollas españolas. Así que todo se confabulaba para configurar un país como el actual, con desequilibrios territoriales tan importantes que pueden dejar a Portugal reducido a una franja costera con la actividad concentrada en Lisboa y en Oporto, y el resto transformado en un inmenso yermo. Un país asimétrico, desmoralizado, que cuenta entre sus habitantes con un porcentaje importante de analfabetos y más dos millones de pobres a los que se suman cada día centenares de nuevas víctimas de la crisis: desempleados, gentes que pierden su vivienda, ciudadanos sumergidos en deudas que nunca podrán pagar.

Las reflexiones aportadas por José Gil son fundamentales para entender la personalidad individual y colectiva portuguesa. Otro de los principios por él enunciados es el de *la irresponsabilidad jerárquica*, que cuadraría perfectamente a los españoles: «*Cuanto más se sube en la jerarquía política, menor es la responsabilidad de los agentes*». Y explica que «en los grados más bajos están los ciudadanos culpables (por ejemplo, de vivir por encima de sus posibilidades), ya que en ese nivel de la jerarquía la responsabilidad se transforma en culpabilidad». El principio en cuestión serviría para justificar la alergia de los dirigentes ibéricos a practicar el verbo dimitir, por ejemplo.

I. NI JUNTOS NI REVUELTOS

Aterrizaje en Lisboa

Entre otros efectos colaterales de la crisis global que aflige a los ibéricos, está el hecho de que los medios de comunicación portugueses y españoles, al contrario que en el pasado reciente, se prestan alguna atención recíproca. La desgracia une mucho y la atonía que preside habitualmente nuestras relaciones, en especial por parte de España, ha desaparecido como si hubiésemos por fin reparado en que la península es un espacio compartido, y que al sur de los Pirineos hay otra tribu que de vez en cuando da señales de vida. Está ahí desde hace más de setecientos años y durante un periodo del siglo XVII formamos parte de un solo país, pero seguimos ignorándolo casi todo sobre ella. En nuestros días ya es tarde para alianzas de sangre, como en el pasado, aunque no faltan figuras con un halo dinástico evidente, como es el caso de un anciano ex presidente y primer ministro portugués que podría perfectamente hacer el papel de reina madre; descartada esa posibilidad, lo cierto es que nos mantenemos distantes, una pizca prepotentes y, como el mercado es el que manda, apenas nos tratamos con estos vecinos para otra cosa que hacer negocios; por eso les compramos más de la mitad de lo que exportan y hemos convertido la Avenida da Liberdade, arteria principal del centro lisboeta, en una inmensa sucursal de empresas españolas. Durante los fines de semana los españolitos de los autocares o de los vuelos de bajo costo se desparraman por este rincón occidental de la península, fotografían el Rossio o la Avenida de los Aliados, y los más ilustrados se compran un libro de Fernando Pessoa en la librería Lello de Oporto, o en la Bertrand. Por la noche van a oír fados lastimeros en Alfama, mientras comen bacalao asado y caldo verde. A los postres, las señoras comentan que las toallas y las sábanas son ahora más caras que en España; no saben que la rapiña empresarial dilapidó los fondos europeos en el más puro estilo de «Toma el dinero y corre», y acabó con la prestigiosa industria textil portuguesa.

Tan cerca, tan lejos.

Portugal y España nunca han establecido líneas de colaboración serias que permitiesen diseñar planes conjuntos en terreno alguno. Mil doscientos noventa y dos kilómetros de frontera común han servido para separarnos más que para entendernos y las dispersas iniciativas de acercamiento a duras penas ocultan el desconocimiento y prevención mutuos.

Desde el siglo XIX a nuestros días, la desconfianza recíproca ha sido una constante. Unas veces se manifestaba a través del intervencionismo en los asuntos del otro país, otras con modos más discretos. Sin embargo, hubo ocasiones -sobre todo en la década de 1920 a 1930, años de intensa lucha ideológica- en que estuvo a punto de articularse un programa para llegar a la Unión Ibérica, antiguo sueño de muchos portugueses y españoles. Durante el siglo XIX y comienzos del XX, Portugal ejerció una gran fascinación sobre viajeros de diversas nacionalidades y, en particular, sobre españoles, que daban a conocer en libros y revistas las impresiones y experiencias vividas en aquel territorio tan próximo como desconocido. Ello contribuyó de modo importante a reavivar el interés y la reflexión acerca de la historia común y las circunstancias geopolíticas de ambos países. A partir de ese interés, algunos llegaron a la conclusión de que lo más rápido sería la anexión de Portugal a España, una línea de pensamiento que llegó hasta Alfonso XIII, quien hablaba sin tapujos de «la Gran España», que tendría a Lisboa como «su puerto natural». Afortunadamente, otros ciudadanos de ambos lados de la frontera desarrollaron una ideología iberista menos pedestre en su afán de mostrar la necesidad de superar la existencia de dos estados en la península, algo que consideraban un sinsentido. La idea de un federalismo ibérico en pie de igualdad tuvo desde el siglo XIX numerosos adeptos. Antero de Quental sistematizó su pensamiento federalista y libertario en conferencias *(«Causas da decadência dos povos peninsulares nos últimos três séculos»)* y en su obra *Portugal perante a Revolução de Hespanha. Considerações sobre o futuro da política portuguesa no ponto de vista da democracia ibérica* (1868), donde aboga por una ruptura radical con el pasado y concibe a la península ibérica como un conjunto de pueblos de los que artificialmente habría sido separado Portugal, considerando «un acto patriótico» la unión de todos ellos en una república federal y democrática. El político Oliveira Martins, por su parte, edita la fundamental *Historia de la Civilización Ibérica* (1879). Otro personaje fascinante y poco estudiado, el diplomático Sinibaldo de Mas, preconizaba que Portugal y España deberían unirse en una democracia ibérica bajo una forma de estado que no podría ser otra que una república federal. Y así un nutrido etcétera. Después de la caída de la monarquía lusa, ya en el siglo XX, los ideales iberistas conocen un nuevo impulso merced al apoyo de los republicanos españoles, aunque en Portugal tampoco faltan oponentes que, de una manera más o menos virulenta, rechazaban cualquier tipo de acercamiento, temiendo que tal aproximación acabase en la absorción de Portugal por parte de España. En esta tendencia que, sin embargo, preconizaba una identidad espiritual ibérica, se sitúa António Sardinha, participante en varias tentativas para restaurar la monarquía en Portugal, cuyo pensamiento habría de influir en Ramiro de Maeztu, Giménez Caballero, y hasta en López Rodó, que solía citarlo. Otros contrarios a la idea de una unión política, como Primo de Rivera y Oliveira Salazar, utilizan imágenes parecidas para referirse a las relaciones entre los pueblos peninsulares, afirmando ser «enemigos sinceros del iberismo». Primo de Rivera afirma: «Hermanos, sí, pero viviendo en casas diferentes», mientras Salazar corrobora: «Nosotros y España somos dos hermanos en casa separada en la Península, tan vecinos que podemos hablarnos por la ventana, y que seguramente nos llevamos bien porque somos independientes y celosos de nuestra autonomía». No obstante, de manera general, el ideario tendente a la Unión Ibérica de facto gana adeptos en este periodo, e incluso hay portugueses que, como Alexandre Herculano y Oliveira Martins, no dudan en declararse «españoles» en la acepción que Camões daba al término. Hasta Pessoa se refiere a la matriz común afirmando: «Construyamos en nosotros la Iberia. Un día Iberia será». Y Almada Negreiros se reconoce miembro de una «civilización peninsular ibérica». La creciente presencia de la masonería en el ámbito de la política contribuyó a que se produjeran iniciativas a favor de la unión ibérica. Françesc Maciá, tras las elecciones de 1931, proclama el estado catalán, integrado en la Federación de Repúblicas Ibéricas. La II República española decide adjudicar la doble nacionalidad a los portugueses y españoles que la soliciten, y acoge a los exiliados políticos del país vecino. La sombra de Azaña, en connivencia con Afonso Costa, Bernardino Machado y otros dirigentes portugueses identificados en mayor o menor grado como iberistas, está presente apoyando las revueltas de Portugal en la época inmediatamente anterior a Salazar, e incluso después de su acceso al poder en 1932.

Entre los intelectuales, la polémica iberista ocupa un plano preeminente y es objeto de parecidos análisis. Madariaga y Alfonso Costa, por ejemplo, coincidían en situar en la restauración de 1640 el origen remoto de la decadencia portuguesa y española, y valoraban positivamente la época de los «Filipes», destacando que en ese periodo no fue abolida ninguna institución y las libertades no sufrieron menoscabo alguno en Portugal. Ambos concordaban en considerar que Portugal debía aprender a mirar hacia España como a un igual, so pena de seguir funcionando eternamente como «un protectorado inglés». La animadversión hacia Inglaterra es una constante en la obra de escritores lusitanos, y ya Almeida Garrett admitía que pudiese ser un motivo de inevitable acercamiento a España: «Portugal solo podría unirse a España por una especie de resentimiento o venganza contra la injusticia, derivada de la tiranía y de los insultos de Inglaterra». Unamuno preconizaba una Iberia concebida como «una Federación, que no suponga dominio, sino colaboración. Los croatas no dejaron de ser croatas con su carácter propio e inconfundible después de unirse a los serbios y eslovenos. Su civilización fue aún más conocida y se proyectó más», sostenía el vasco.

Las dos guerras mundiales del siglo XX, ante las cuales ambos países tuvieron posicionamientos diferentes, y las largas dictaduras portuguesa y española, encabezadas por personajes tan antitéticos en lo personal como Franco y Salazar, no dejaron mucho espacio para la reflexión y el avance en torno a las ideas de una unión política peninsular, pero obligaron a poner en marcha algunos instrumentos útiles para suavizar la imagen de mutuo desinterés institucional.

Fue durante las últimas dictaduras ibéricas cuando se inventaron los dos "artefactos" históricamente utilizados para dar una apariencia de buena vecindad: el Pacto Ibérico y las Cumbres Ibéricas. El primero se firmó entre Nicolás Franco y Oliveira Salazar en 1939, y pretendía garantizar que no habría agresiones entre dos dictaduras que se necesitaban para protegerse del enemigo exterior. Ambos regímenes defendían posiciones políticas situadas en la órbita fascista, y el aislacionismo en que se movían les empujaba inexorablemente a realizar alguna maniobra de aproximación. El gobierno de Oliveira Salazar había apoyado al dictador español durante la guerra civil, permitiendo, por un lado, el paso por su territorio de material militar para apoyar a Franco y, por otro, manteniendo una red de delatores que servía para capturar y devolver a España a quienes pasaban la frontera buscando refugio en Portugal. El pacto dio pie para que Castiella y sus homólogos viajasen de vez en cuando a Portugal, departiesen con Salazar y Caetano y, de paso, echaran una mirada de reojo hacia Estoril para comprobar que Don Juan seguía tranquilo y sin realizar movimientos extraños, dedicado al *gin* y a variados escarceos en su palacete.

Después el Pacto fue sustituido por un acuerdo de cooperación que acaso facilitó el asesinato, cerca de Badajoz, del general Humberto Delgado, opositor a la dictadura portuguesa liquidado por la PIDE y que, según algunas versiones, pudo contar con la colaboración fraternal de la policía política española. Y en 1978 se inaugura una nueva era, la de las pomposas Cumbres Ibéricas, que constituyen uno de los mayores acontecimientos de la política-espectáculo en el occidente cristiano.

Perdidos en las cumbres

La ocurrencia consiste en una reunión anual de los jefes de gobierno de ambos países en ciudades alternadas de España y Portugal. Llevan así casi treinta ediciones, cada una de las cuales reúne en torno a 200 participantes, entre los que se incluyen ministros, varios presidentes de comunidades autónomas y los correspondientes cortejos. Las nada borrascosas cumbres ocupan dos o tres días repletos de abrazos fraternales y discursos que rezuman toneladas de retórica de ínfima calidad. Para proteger a los ilustres asistentes en cada sede se pone en marcha un mecanismo de seguridad que podría servir de modelo al G20. Así, en las últimas ediciones, eran de admirar las fuerzas de los GEO desplazándose por los tejados de Badajoz, los helicópteros sobrevolando Zamora o las fuerzas de intervención portuguesas protegiendo la invicta Oporto. Una lástima que tal alarde no se corresponda con la inanidad de las decisiones acordadas, que cualquier curioso puede rastrear en Internet.

El orden del día de estas cumbres, y es lógico que así ocurra, contiene los temas propios de cualquier junta vecinal: las obras, el agua, la luz, el gas. En los pasados años los trenes de alta velocidad y las energías renovables adquirieron gran protagonismo. Lo malo es que las cuestiones se mastican indefinidamente, se estiran hasta lo inverosímil y, al contrario de lo que sucede con las viandas (consumidas con buen apetito durante los eventos), nunca se degluten, ni mucho menos se digieren. De este modo, después de veinte y muchas ediciones continúan pendientes de solución asuntos vitales que ya figuraban en la agenda de las primeras cumbres y supr. afectan a millones de ciudadanos peninsulares. Uno de los más importantes es, por ejemplo, la explotación conjunta de los recursos comunes, el agua y la electricidad, asunto en torno al cual no se producen soluciones útiles, pese a que el tema se repite una cumbre tras otra. Porque lo cierto es que aún no funciona adecuadamente un plan hidrológico que regule el uso del potencial hídrico compartido, que el MIBEL (Mercado Ibérico de la Electricidad) no ha abaratado las tarifas, sino lo contrario, que el MIBGAS (Mercado Ibérico del Gas), que fue lanzado a bombo y platillo, ya ni se menciona, etc. Los proyectos de los trenes también dan mucho juego y aparecen y reaparecen, produciendo abundantes titulares. Al comenzar el milenio se anunciaron los TGV (Trenes de Gran Velocidad, el AVE español), que cruzarían la península a partir de 2007 transportándonos de Madrid a Lisboa en 2 horas y 45 minutos. Pero en la cumbre de Badajoz (2006) se comunica su aplazamiento para el 2013, aunque se asegura que en esa fecha unirán definitivamente Lisboa con Madrid y Oporto con Vigo. Sin embargo, poco después se anuncia el abandono del primer proyecto *sine die,* aunque sí se pone en marcha el tren Oporto-Vigo en julio de 2013. En su primer viaje son pasajeros de honor el ministro portugués de Economía y su homóloga Ana Pastor, que anuncian la gran afluencia que se prevé para este trayecto, considerando su módico precio (15 euros) y «el dinamismo que traerá a la zona fronteriza al incrementar el turismo, el comercio y la inversión». Un año después el proyecto conjunto se ha revelado ruinoso y la prensa portuguesa informa de que la ocupación media es del 12%, lo que supone un perjuicio de 1140 euros por viaje. Con estos datos, el denominado Tren Celta presenta unas pérdidas superiores a las de la totalidad de las líneas férreas cerradas por el gobierno portugués alegando su falta de rentabilidad. La solución residiría (como llevan reclamando desde la inauguración los alcaldes de las comarcas afectadas) en permitir la entrada y salida de pasajeros en algunas de las paradas que el tren, por ser de vía única, se ve obligado a realizar, pero las respectivas administraciones, acaso para enriquecer el catálogo de chapuzas realizadas en comandita, siguen prohibiendo la apertura del convoy mientras espera en las estaciones al que viene en sentido contrario, y las pérdidas económicas no dejan de crecer. La cumbre de Badajoz, por cierto, ocupa un lugar importante en la historia de estos simulacros ibéricos por dos motivos: su especial inutilidad y el alarde propagandístico que la acompañó. Ya en los días anteriores al inicio, el espacio aéreo de la ciudad fue cerrado al tráfico comercial, siluetas cenicientas con fusiles telescópicos patrullaban las cubiertas de los edificios, por la Plaza Alta cabalgaban jinetes uniformados y numerosos trabajadores municipales regaban las calles o se encaramaban a andamios (sin casco, eso sí) para tapar con lonas las vergüenzas de los edificios deteriorados; los hoteles habían instalado detectores de metales y a los huéspedes más rústicos se les invitaba a dejar en recepción las navajas de Don Benito, aunque alegasen que sólo las utilizaban para cortar el queso y el jamón. El viernes 24 de noviembre, por tierra y aire, llegaron las comitivas a la ciudad recién lavada. Del este venían los anfitriones: nueve ministros encabezados por el presidente del gobierno, seguidos por una cohorte de subsecretarios y directores generales. Del oeste sus homólogos portugueses, con el *premier* al mando. Eran en total más de 200 personas, entre ellas 18 ministros, que por vigésimo segunda vez se reunían para ordenar los asuntos de la casa común. Chocaba un poco tal despliegue; si las cosas entre los dos países iban tan bien como afirmaba la propaganda, ¿no eran excesivos la logística y el alarde mediático desplegados? También Francia y España son vecinos, pero cuando franceses y españoles se reúnen lo despachan todo discretamente en unas horas, a pesar de la enjundia de los temas de la agenda. ¿Bastaba la excelencia del jamón extremeño para justificar semejantes movimientos de población? ¿O era la trascendencia de los temas a tratar lo que explicaba tal parafernalia? Llamaba asimismo la atención que no estuviese presente la ministra española de Fomento, pues siendo el tren de alta velocidad entre ambos países uno de los puntos fuertes de la cumbre, no se entendía la ausencia de la responsable del departamento que habría de desarrollar el proyecto.

La recepción pacense no fue muy lucida, porque más de mil manifestantes aguardaban bajo la lluvia para protestar por la instalación de una refinería junto a Villafranca de los Barros. Esto de comenzar con una manifestación es casi una constante en los prolegómenos de las cumbres. La ciudadanía quiere que se traten los asuntos que les afectan, e intuyen que estas exhibiciones mediáticas no les van a mejorar la vida. En consecuencia, un año tras otro la gente manifiesta su disgusto, ora porque los pantanos descargan las aguas sin avisar y se llevan por delante a unos cuantos pescadores, ora porque fallan los mecanismos que garantizan la libre competencia en el comercio de productos agrícolas, ora porque los peajes abusivos encarecen los transportes, etc., etc. De manera que la cumbre que comentamos no fue una excepción y, pese a los esfuerzos del presidente extremeño para que la manifestación se prohibiese, hubo autorización judicial y junto a las imágenes de la inauguración se colaron las de los manifestantes enarbolando pancartas nada amables para los gobiernos autonómico y central. No obstante, y sin desanimarse, los doscientos y pico desplazados que en pro del entendimiento ibérico habían sacrificado un fin de semana en familia, se pusieron a trabajar a partir de ese momento

Por desgracia, la montaña, como en versiones anteriores, parió un ratón. Los trenes de alta velocidad entraron en vía muerta. Del tan publicitado Laboratorio de Nanotecnología únicamente se decidió su ubicación en Braga. Y sobre el gas, la electricidad y el agua no se adoptaron decisiones que mejorasen la gestión común de estos recursos. Lo del Laboratorio de Nanotecnología aún tendría un largo recorrido, pues su gestación duró seis cumbres, en las cuales (cada cosa en un año) se acordaron, sucesivamente, la creación de la entidad, su ubicación, el nombre del director, el inicio de las obras, la inauguración y el comienzo de la actividad. Del menú de la cumbre formó parte la imprescindible sopa de siglas (CEITA, OMEL, OMIP, OME, CIEREE...), que remiten a los nombres de otras tantas instituciones, planes y programas desconocidos por el gran público. De muchos de estos misteriosos acrónimos, tras ser referenciados en las notas de prensa, no se volverá a hablar en cumbres posteriores, como si se hubiesen esfumado o jamás hubiesen existido. Menos mal que los militares trabajaron a buen ritmo en los asuntos de su ramo y llegaron a laboriosos consensos y decisiones trascendentales, como la de rebautizar el Consejo de Estados Mayores hasta entonces existente y pasar a llamarle, simplemente, Consejo de Seguridad. ¡Aleluya! Y no acabaron ahí las buenas noticias, no. Los del negociado industrial anunciaron la fabricación conjunta de un vehículo urbano para que la pujante tecnología ibérica compitiese con las grandes multinacionales del automóvil; y los ministros de Exteriores, seguramente atendiendo a secretas necesidades de estado, decidieron destinar un funcionario español a la embajada portuguesa en Timor y uno portugués a la embajada española en Panamá(!!) Para redondear el éxito de la cumbre, el último día se adoptó una resolución histórica consistente en que, a partir de aquel año, los bomberos de España y Portugal podrían penetrar hasta 15 kilómetros en territorio del otro estado para colaborar en la extinción de incendios, sin ser tratados como invasores. Ahí queda eso.

Simultáneamente -no todo van a ser éxitos-, a menos de 200 kilómetros de Badajoz, las descargas de los embalses españoles inundaban poblaciones ribereñas y ponían en peligro las vidas de los vecinos. Eran descargas similares a las que, meses después, entonces sí, se retrasarían por conveniencia de las compañías eléctricas, produciendo un descenso en la calidad de las aguas, que llegarían al Alentejo con un elevado índice de contaminación. Porque, aunque la Convención de Albufeira (1988) regula la gestión común de las cuencas hidrográficas internacionales del Miño, el Duero, el Tajo y el Guadiana, fijando, incluso, los caudales mínimos que España debe garantizar a Portugal, es raro el año en que algún pescador luso no muere arrastrado por la corriente producida a causa de las descargas repentinas de los embalses españoles. Deben ser efectos no previstos de la «amplia cooperación en materia de información y calidad del agua» que la convención establece

Fantasías ibéricas

No se piense que con las cumbres se agota la capacidad ibérica para generar prácticas de buena vecindad. Pocas cosas hay tan tristes como la indiferencia entre los habitantes de un mismo edificio cuando evitan encontrarse en los descansillos y bajan la mirada silenciosos al compartir el ascensor; los vecinos deben hablarse, conocerse, atreverse a llamar a la puerta de enfrente cuando nos falta la sal o el perejil y, por eso, nuestros gobernantes se aplican en crear ámbitos para que el intercambio permanente de información y la planificación de proyectos fluyan creativamente en pro del bienestar de los ciudadanos de ambos estados. Así surgen los innúmeros organismos y entidades que velan por los asuntos comunes, siempre inmersos en una cantidad infinita de reuniones en las que se diseñan estrategias y se articulan metodologías encaminadas a que ni un solo imprevisto estrague los esfuerzos realizados. Por ejemplo, para garantizar el éxito de las cumbres, los respectivos ministerios de asuntos exteriores celebran reuniones intercalares en las que analizan los temas bilaterales y concretizan los asuntos a tratar. Tampoco pierden el tiempo la Comisión Luso-Española para la Cooperación Transfronteriza (CTF), el Consejo Luso-Español de Seguridad y Defensa (CLESD) o el Foro Parlamentario Luso-Español que anualmente dirimen asuntos de su incumbencia en los correspondientes foros y encuentros bilaterales. En el CLESD, y «para ser operativo», se establece una Comisión Preparatoria dividida nada menos que en cuatro grupos de trabajo: 1) Armamento, 2) Cooperación entre Fuerzas Armadas, 3) Diálogo Político-Estratégico, y 4) Diálogo Político-Diplomático (al nivel de directores generales de Política Exterior). Y por si algún cabo quedara suelto, el Foro Parlamentario Luso-Español, formado por diputados y senadores de ambos países, aporta su grano de arena al éxito de las cumbres, para lo cual los parlamentarios viajan al lugar de celebración en las fechas previas. Desgraciadamente no hay constancia muy concreta de la naturaleza de su contribución a los eventos, pero algo harán sin duda.

Hay más. Una red impresionante de la que forman parte, entre otros, el Fórum Empresarial, el Fórum Civil Luso-Español, la Fundación Hispano-Portuguesa Rey Afonso Henriques, la Fundación Luso-Española, la Fundación Cataluña-Portugal y –agárrense– el «Consejo Común de la Cámara Hispano-Portuguesa de Comercio e Industria y de la Cámara de Comercio e Industria Luso-Española», cuya placa debe ocupar varias manzanas.

La cumbre de Badajoz, como las veintitantas restantes, sirvió para que la ciudad anfitriona recibiese un buen manguerazo y poco más. En la de Oporto, 6 años después, con Rajoy y Passos Coelho de protagonistas, se continuaban rumiando los temas de costumbre y los titulares de prensa anunciaban el «nuevo» impulso al Laboratorio de Nanotecnología, un proyecto de ferrocarriles de mercancías transfronterizos (el tren de alta velocidad pasaba al baúl de los recuerdos) y otras iniciativas tan concretas como «reforzar la colaboración en programas culturales, turismo, inspección de trabajo y asistencia sanitaria», así como «la intención de rehabilitar los puentes internacionales y mejorar la navegabilidad de los ríos». La cumbre número XXVI, en mayo de 2013, llega con los dos países al borde del abismo, enfrentados a un déficit escandaloso, una deuda impagable y un paro reconocido del 17% en Portugal y el 27% en España. No obstante, el ánimo viajero no declina y en Madrid se reúnen 17 ministros, veintitantos subsecretarios y las decenas de empresarios que siempre acuden a estos eventos. Por desgracia, la cumbre coincide en Portugal con la peregrinación a Fátima (500.000 asistentes ese año) y con la Liga Europa, a cuya final ha llegado el Benfica. Demasiado para un pequeño país que como se dijo en la cadena televisiva SIC «hoy es tan grande que no cabe en las bocas del mundo». Ante estos asuntos mayores el encuentro ibérico pasa aún más desapercibido que de costumbre y en las primeras páginas de los diarios ni se menciona el evento; después de una hora escasa de reunión publicitaria entre Passos Coelho y Rajoy, los primeros ministros desaparecieron de escena; el primero para salir de viaje a remendar lo que pueda en Bruselas, el segundo para seguir maquinando las maldades habituales, y la cumbre quedó en manos de los actores de reparto. No lo hicieron mal, y al final del encuentro dejaron un ramillete de acuerdos y buenas intenciones que sin duda representan un paso de gigante en el camino de la colaboración fraternal entre las comunidades peninsulares; por ejemplo, la promesa de hablar en breve de los peajes que encarecen las visitas de los españoles a Portugal, el proyecto de homologación de los títulos universitarios y «aumentar los contactos para concertar posturas sobre temas energéticos y el combate al fraude». A esto se llama productividad. No vendría mal que, en vez de seguir matando mosquitos a cañonazos que nos salen carísimos, los gobiernos hicieran un esfuerzo por conectar con la realidad, se bajaran de la cumbre, o de la higuera, y comprendieran lo anacrónico de estos montajes que no sirven a los intereses de los ciudadanos. La preocupante tendencia a convertir la política en espectáculo, como se ve, acaba por transformarla en un esperpento; más allá de la retórica hay muy poca cosa y España y Portugal continúan ignorándose, desaprovechando las oportunidades de aproximación y dirigiendo su acción política en un solo sentido: el de la desfalleciente Unión Europea. Mientras, se pierde influencia ante las comunidades americanas, asiáticas y africanas, donde los dos países hoy ya casi no cuentan a pesar de que históricamente su presencia fue decisiva. En todo ello tienen una gran responsabilidad las diplomacias respectivas que, en la práctica funcionan apenas como agentes turísticos de segunda categoría. Las embajadas respectivas son plazas codiciadas por diplomáticos sin ideas o viejas glorias de la política que encuentran allí un refugio dorado y con excelente remuneración para vegetar al margen de los rifirrafes de la patria. La patria que, además, está a una hora de avión, un tiro de piedra que permite disfrutar puentes y festividades varias. En los puestos de consejeros (Industria, Defensa, Cultura, etc.) aterrizan pintorescos personajes, como un reciente titular de Cultura español en Lisboa que, en privado, reconocía ignorar la identidad de Manuel de Oliveira, Paula Rego o Siza Vieira, aunque Pessoa y Saramago «le sonaban». Su homólogo en Madrid era en la misma época un conocido escritor portugués del que no se conoce actividad alguna diferente a la ingesta de canapés en las infinitas recepciones a que el cargo obliga. En general cabe afirmar que la acción que el personal diplomático realiza en el seno de la sociedad civil de los dos países atiende en exclusiva al protocolo o, en el mejor de los casos, deriva hacia actividades de imagen puramente anecdóticas. Entre estas operaciones de imagen es de resaltar la de enviar policías españoles, uniformados y portando armas, a patrullar Lisboa durante la Pascua, fecha en que se produce un gran aluvión de turistas. Los agentes paseando por Los Jerónimos o el Rossio, unas veces solos y otras acompañados de sus homólogos lusos, son contemplados con asombro por los viandantes españoles, que no saben si aquello obedece a un carnaval retrasado y cuando les preguntan su opinión contestan sin tapujos no entender las razones de aquella presencia y el gasto que conlleva en un país donde los problemas de seguridad son mínimos y donde no hay problema para entenderse con la gente. Los propios agentes españoles sonríen en la tele cuando son entrevistados y manifiestan que están allí «para ayudar en lo que haga falta a sus compatriotas y orientarles en su visita a Lisboa»; es decir, se presentan como una nueva especie de guías con pistola y esposas. «¿Y si ustedes no saben responder a alguna de las preguntas sobre Lisboa que les hagan sus compatriotas?», pregunta la reportera. «En ese caso preguntamos a un compañero portugués», responde el guardia. Una contribución más al esperpento de las relaciones peninsulares.

La pertenencia a diversas entidades supranacionales (Unión Europea, Nato, OIT, etc.) y el turismo, han producido un acercamiento que raramente traspasa el ámbito institucional para extenderse a la sociedad civil. Los políticos ibéricos sacan pecho en las fotos, se codean con los que de verdad pintan algo en Europa y en el mundo, se olvidan por unos días de su pertenencia a la piara PIGS y, de paso, algo van hablando de los problemas comunes, pero tienen grandes dificultades para abandonar la falta de operatividad y el furor retórico que impregnan las malhadadas Cumbres.

Los españolitos

Al margen de estos montajes surrealistas, tampoco se puede afirmar que la relación de vecindad se desarrolle con la fluidez que sería deseable. Ciertos españoles dicen ver en los portugueses una actitud de permanente desconfianza, cuando no de antipatía. Hay casos. Pero dudamos de la existencia generalizada de cualquier tipo de inquina, a pesar de que, según afirmación del propio Saramago, su generación y las anteriores fueron educadas en el recelo hacia los peligrosos españoles, presentados a los jóvenes como vecinos poderosos e inclinados a la bronca, siempre consumidos por el apetito expansionista que unas veces satisfacían por medios incruentos -uniones dinásticas- y otras sin tantos miramientos, recurriendo a la invasión y a la guerra. Acaso en la memoria histórica de los portugueses los nombres de Aljubarrota, Olivença, «Os filipes» (alusión al dominio español durante los reinados de Felipe II, III y IV), actúan aún como referencias de una historia común repleta de conflictos. En la memoria de los españoles lo que ocurre es más grave, porque nuestra enciclopédica ignorancia sobre Portugal y las relaciones recíprocas a través del tiempo impiden que exista cualquier referencia, siendo ese vacío ocupado por prejuicios que poco tienen que ver con la realidad. Recuerda humorísticamente Miguel Esteves Cardoso que «los portugueses, debido a la traumática pérdida de la independencia en el siglo XVI, son muy sensibles en todo lo que se refiere al país vecino y es preferible respetar esta posición a ofenderlos con comparaciones, pues se consideran no sólo diferentes a los españoles, sino un pueblo aparte. Aunque el visitante poco informado vea muchas semejanzas, en seguida saldrá un nativo apuntando lo equivocado de esa opinión y citando orgullosamente pruebas de la identidad portuguesa, tales como no matar a los toros de lidia, la diferencia entre *farturas* (similares a las porras) y churros, etc.». Del otro lado, muchos españoles continúan instalados en el cliché según el cual Portugal es el vecino pobre, habitado por seres melancólicos y propensos a cantar fados que se pirran por el bacalao y las sardinas asadas. El desinterés y la prepotencia de este sector se traduce en un desconocimiento vergonzoso de la historia, la lengua y la cultura portuguesas. Por hablar de lenguas, los portugueses se mofan por lo bajo de la incapacidad española para aprender idiomas y se asombran de que se produzcan situaciones tan ridículas como la protagonizada por la alcaldesa de Madrid al presentar la candidatura olímpica de su ciudad para 2020. No les cabe en la cabeza que un personaje público, en un foro internacional donde la lengua de uso es el inglés, utilice una jerga ininteligible y suelte aquello del *relaxing café en la Plaza Mayor* sin ruborizarse. Mientras los representantes políticos lusos, y una gran parte de la población, se expresan habitualmente y sin problemas en un inglés fluido, los españoles aprovechan cualquier pretexto para no aprender idiomas y al portugués lo consideran una especie de gallego mal hablado cuyo estudio no merece esfuerzo alguno. No importa que lo hablen más de 200 millones de personas; se le sigue considerando una lengua menor, sin apenas utilidad práctica. La máxima de Epicteto: «Es imposible aprender lo que se cree que ya se sabe», se cumple aquí a la perfección y el españolito medio, aquejado por su invencible pereza mental para los idiomas, lo más que llega a decir es «obrigado». ¿Para qué molestarse en más, si los portugueses entienden todo y se esfuerzan por hablarnos en castellano? En lo que se refiere a la cultura, ¿qué es eso de la cultura portuguesa? «Ah, sí, aquel poeta con sombrero de la estatua sentada en el café A Brasileira, en Lisboa. Pessoa, creo que se llama. Y Saramago, por supuesto, que se casó con una española». El resto, desde Alfonso X o, si quieren, desde Viriato (primer iberista convicto), no existe. Lo contaba muy bien el ya fallecido Javier Ortiz, gran conocedor de Portugal, hablando de los turistas españoles: «Hay quienes muestran una actitud respetuosa e interesada por las gentes, por la historia y por su presente, por su música, su arquitectura y gastronomía, pero también me he encontrado, para vergüenza mía, con la tira de zopencos, de esos que hablan a los portugueses en castellano sin mediar disculpa alguna, adoptando un aire de superioridad insufrible; que hacen una y otra vez chistes groseros sobre cómo será el *polvo* (pulpo) *a la portuguesa*, y que todo lo que acaban conociendo de Portugal es el camino que conduce desde el hotel en que están alojados a la playa de enfrente, pasando por la tienda en que se compran las inevitables toallas. ¿Cómo podrían los portugueses no mirar con horror a esa horda hispana, trasunto de la plaga alemana que se instala cada verano en Ibiza dispuesta a comer salchichas de Frankfurt y beber cerveza de importación hasta hartarse?... El pueblo portugués es el más próximo al español, por muchos motivos, pero la mayoría de los españoles sabe menos de Portugal que de los EE. UU.».

El peso de la historia no impide que el carácter abierto y receptivo de los portugueses se manifieste también en su trato con los españoles. Dicha actitud, en general positiva, ha sufrido altibajos, condicionada por los avatares de la historia reciente, que unas veces soplaban a favor y otras en contra. Desde los años 40 a 60 del pasado siglo, el nivel de vida de los lusitanos, por ejemplo, era superior al de sus vecinos, sometidos a los rigores derivados de la guerra civil; recuerdan los portugueses de cierta edad la fortaleza del escudo respecto a la peseta en aquella época y cómo, preferentemente en las zonas de frontera, el cambio ventajoso facilitaba la compra de productos de estraperlo que los españoles vendían para obtener algunos ingresos. Los acontecimientos evolucionaron luego a favor de los españoles que, a pesar del aislamiento político del régimen, aprovecharon mejor el maná del turismo y las divisas que generaban los emigrantes obligados por la necesidad a ganarse el sustento en Francia y en Alemania. De ese modo se consiguió mejorar algo los ingresos de los trabajadores que permanecieron en el país y sobrepasar a los portugueses, con su país desangrándose en una guerra colonial sin salida que arruinaba a su economía y mantenía combatiendo en África a miles de jóvenes en edad de trabajar. La revolución de abril del 74 dio fin a la guerra, mas las libertades recuperadas no sirvieron para traer la prosperidad esperada y en las décadas siguientes un cierto complejo de inferioridad volvió a instalarse en la mentalidad de los portugueses, que miraban al modelo español como un ejemplo envidiable de dinamismo y desarrollo. No obstante, esta visión fue cambiando en los últimos años ante las dimensiones pavorosas del paro en España, hasta llegar a la coyuntura actual, en la que parece que todos admitimos ya que el naufragio es general y que lo que importa no es saber en qué clase viaja cada uno, sino la manera de evitar entre todos el hundimiento definitivo.

Pasen y vean

La capacidad de acoger y asimilar lo que viene de fuera es una cualidad del carácter portugués. En el Portugal del interior, desertificado y abocado a un ruralismo forzoso, la vida se desarrolla en torno a parámetros bastante tradicionales todavía, pero el urbanita de clase media profesa cierto fanatismo por lo *in*, se preocupa mucho por la novedad, lo cual se manifiesta de múltiples maneras, que van desde la pasión por los autos de gama alta y la ropa de marca (o, por lo menos, bien falsificada), hasta la apetencia por los artilugios electrónicos de novísima generación, sobre los que suele poseer una información apabullante. Lo afirma también Miguel Esteves Cardoso, que define a Portugal como un país de contrastes en el que una parte de la población sacrifica artículos de primera necesidad antes que privarse de objetos y servicios perfectamente prescindibles (electrónica, perfumería, autos...) asociados al estatus. Y el culto a la novedad por la novedad fácilmente desemboca en papanatismo, que es un fenómeno frecuente en países pequeños o de limitada potencia económica. Pero lo que nos interesa ahora destacar son los efectos positivos de la receptividad portuguesa asociada no a los objetos o al consumo, sino a la capacidad de acogida respecto de las personas. Tal virtud, potenciada por la revolución de los claveles, tuvo un ejemplo de excelencia en 1975, cuando el país hubo de enfrentarse al regreso de casi un millón de personas que volvían de África después de la derrota de la guerra colonial con la intención de establecerse y buscar una nueva vida en su país de origen. Los llamados «retornados» se distribuyeron por todo el territorio y se integraron rápidamente sin conflictos, al contrario de lo sucedido en Francia con los que volvían de Indochina, Túnez, Marruecos, Argelia, o en Italia y en Bélgica con los procedentes de Libia, Abisinia y el Congo. Como afirmaría el filósofo Agostinho da Silva,

«Portugal fue reconstruido por la energía de los retornados», que aportaron una población mayoritariamente joven, dinámica y mejor cualificada que los residentes.

En nuestra opinión, la receptividad generosa hacia quien viene de fuera está todavía muy viva entre los portugueses y la situación periférica del país en relación al continente, lejos de favorecer tendencias aislacionistas, se compensa con creces por la abertura al Atlántico, por una larga experiencia de convivencia con otros pueblos y por la pasión por el viaje y el conocimiento de otras realidades. No obstante, en tiempos de vacas escuálidas, la burocracia estatal se coloca a la defensiva y actúa más selectivamente con los recién llegados, como se relata en la historia de vida que a continuación se relata.

La toallita de papel

El Servicio de Extranjeros está en un local aséptico y desangelado, con un mostrador de más de diez metros que ocupa el lado izquierdo del recinto. Un grueso cristal separa entre sí a funcionarios y clientes. Entre la parte inferior del vidrio y el mostrador existe el espacio justo para que circule el flujo de papeles de un lado a otro de la barrera transparente. Perpendiculares al mostrador, frente a las diecisiete claraboyas que hay en el cristal a la altura de la boca de los usuarios, diecisiete filas de personas que esperan su turno. El barullo es infernal debido a que las diecisiete voces de los funcionarios del interior llegan desmesuradamente amplificadas a través de las claraboyas, y todos se ven obligados a gritar y a gesticular para hacerse entender. Otras doscientas personas esperan su turno en las hileras de sillas del amplio vestíbulo. Se diría que los extranjeros llevan allí la vida entera, lo cual no es una impresión muy equivocada, porque acuden todos los días al local desde hace varios meses. Más que sentados, están derrumbados en las sillas, con la mirada extraviada y los cuerpos en posturas inverosímiles para buscar acomodo durante la interminable espera. Aquello se parece bastante a una sala del aeropuerto de Barajas durante las huelgas de Iberia, repletas también de gentes con el mismo aspecto de víctimas de un destino fatal; estos se diferencian de los del aeropuerto en que un 90% son negros vestidos con traje de domingo, camisas blancas con las puntas del cuello levantadas y corbatas llamativas. La mayor parte de las mujeres lucen ropas multicolores, al gusto caboverdiano, y unas cuantas están embarazadas. El conjunto de las caras de ellas y ellos recuerda a los esclavos de las plantaciones de algodón de Alabama en el siglo XIX. Unos pocos permanecen de pie o pasean por la zona más cercana a las puertas, mirando de soslayo hacia el exterior, donde quinientas personas más forman una cola que llega hasta el final de la manzana. Nadie se atreve a salir, no vaya a ser que en ese lapso el funcionario diga su nombre y se le pase la vez. Huele a sudor y a humedad antigua.

Entro en el local y me dirijo a la mesa de información. Está a cargo de un ordenanza que mata el tiempo charlando con dos policías de servicio. Muestro la carta que me han enviado de la embajada para ir a recoger mi documentación de funcionario español trabajando en este país. Mientras el bedel le echa una ojeada, inicio un acercamiento a la maquinita expendedora de los números para la cola. «No hace falta –dice el hombre– doña Luisa le atenderá en seguida». Y me señala el fondo del local, más allá de las filas y de las sillas. Intento ver por encima de la multitud, pero es imposible. «Vaya todo seguido a lo largo de la pared y al final encontrará a doña Luisa. Yo la aviso por el interfono de que está usted aquí». Avanzo sorteando sillas y al final del recinto me encuentro en una zona de dos metros de ancho milagrosamente vacía y separada del resto por una cinta extensible. Detrás de un pequeño mostrador sin vidrio ni claraboya, sobre el cual hay un letrero que dice «Ciudadanos de la UE», está doña Luisa, que ya me sonríe como quien espera a un viejo conocido. A mi izquierda queda la fila número 17, donde el negro de turno y la funcionaria del interior vocean desaforadamente. Doña Luisa me señala un sillón de despacho que está justo frente a ella y me saluda con cordialidad. Le entrego la carta, y después de leerla con fruición y muy despacito, me hace una serie de preguntas de cortesía sobre mi trabajo y mi estancia en el país. Ella admira España, donde la gente es más divertida, se cuidan las playas, los campos están cultivados y no hay que pagar tantos peajes en las autopistas. El verano pasado estuvo en la Costa del Sol. Es una pena que la península ibérica no sea una única nación. «De hecho, todo iría mejor si mi país fuera una autonomía más dentro de España. Como Cataluña, por ejemplo». No aparece ningún otro ciudadano de la Unión Europea, y doña Luisa está encantada con la charla, así que sigue hablando de las excelencias del país vecino durante un buen rato. Por fin se levanta, coge una carpeta de plástico y extrae un carné con mi foto. Abre un tampón azul, toma mi dedo índice derecho con inusitada delicadeza y presiona levemente la yema sobre la almohadilla entintada; luego transporta el dedo hasta un recuadro que hay debajo de mi fotografía y allí queda estampada mi huella de emigrante con papeles. Finalmente coloca mi mano con cuidado sobre el mostrador mientras yo sigo con el dedo erecto y señalando al techo para no mancharme, y me ofrece un sobrecito blanco cuyo borde superior recorta con unas tijeras. Dentro hay una toallita de papel húmedo y perfumado con la cual me limpio el dedo. Casi al instante, la tinta desaparece y yo puedo permitir que el dedo regrese a su posición natural. Aún con la toallita en la mano, me levanto y me despido de doña Luisa, que sigue sonriendo.

Con mi asunto resuelto y camino de la salida, coincido con el negro que abandona la ventanilla número 8. Saca un kleenex arrugado del bolsillo y con él se va limpiando el dedo. Cuando llega a la puerta sigue frotándose porque, al parecer, la tinta se resiste a salir. Yo tiro mi toallita en la papelera de la entrada. El funcionario de información inclina la cabeza a mi paso. Delante de mí, el negro se mete el kleenex manchado en el bolsillo y se frota el dedo, todavía sucio, con la palma de la mano izquierda.

II. LUSITANOS: TRAZOS PARA UN PERFIL

¿De verdad que nunca pasa nada?

La primacía de los afectos y la poca afición a la gresca tienen mucho que ver con la frase que define a Portugal como un país *de brandos costumes*, es decir, donde la sangre no llega al río ni siquiera en las circunstancias más complicadas. Lo explicaba de esta manera un artículo periodístico de la prensa diaria: «Portugal es realmente un país *de brandos costumes.* No tenemos en los genes la capacidad para la lucha, el motín, ni mucho menos, la revolución. Nos falta el suficiente sentido de ciudadanía para salir a la calle a defender nuestros ideales. En nuestra historia no hay ejemplos de rebelión contra leyes injustas, gobiernos insensibles o dictadores feroces... Sólo excepcionalmente aparece algún movimiento que convoca a unos cuantos millares que se manifiestan por una causa... Incluso la independencia de Portugal fue conseguida por un puñado de nobles que se rebelaron contra el rey de León; el pueblo se limitó a ir hacia donde le ordenaron y rindió vasallaje, siempre titubeante, por si el viento mudaba de dirección a los vencedores». A continuación, el autor recuerda varias fechas decisivas donde el pueblo actuó como mero espectador, y menciona el periodo de 60 años de dominación española «aceptada con mansedumbre y que sólo concluyó debido a que fueron afectados intereses económicos de determinados grupos». Sobre la revolución del 25 de abril de 1974 opina de igual manera que el pueblo se apuntó a la causa cuando el trabajo ya estaba hecho, demostrando una vez más un comportamiento gregario, siempre dispuesto a adherirse a tramas palaciegas, pronunciamientos militares o golpes de estado cuando ya está claro quiénes son los vencedores, porque «en lo que se refiere a conciencia ciudadana, todavía estamos muy verdes». Citemos de nuevo a José Gil, que refrenda: «... Y todo sucede sin que los conflictos revienten, sin que las conciencias griten, todo entra en la impunidad del tiempo, como si el tiempo trajese inmediatamente, en el presente, el olvido de lo que está a la vista y es aún presente...». En sentido opuesto existen también trabajos periodísticos considerando que la historia portuguesa está repleta de episodios violentos y matanzas salvajes, siendo la expresión *brandos costumes*, un mito alimentado por el estado salazarista. Y se citan sucesos sangrientos que, para no remontarnos muy lejos, comenzarían con las carnicerías de los llamados «jóvenes turcos» en 1915, seguirían con los muertos producidos con motivo de la caída de la monarquía, los asesinatos del rey D. Carlos y el presidente de la República Sidónio Pais, la *Noche Sangrienta* de 1921 en que una camioneta de marineros y guardias va recogiendo en sus domicilios al jefe de gobierno y otros políticos destacados para después liquidarlos en plena calle, hasta los centenares de asesinados por oponerse a la dictadura del Estado Novo. Entre estos últimos son notorios los casos del general Humberto Delgado o el cura obrero Alberto Neto, y en 1980 la muerte en accidente aéreo, que la mayoría de las versiones atribuye a atentado, del primer ministro Sá Carneiro, su compañera y el ministro de Defensa. Podríamos aún añadir que en los últimos años en Portugal se ha igualado la marca española de mujeres asesinadas por violencia doméstica, lo cual vendría a confirmar así mismo la exageración subyacente a la expresión *brandos costumes.* Sin embargo, todo ello no empaña la imagen externa de Portugal como país apacible. ¿Será que, una vez más, lo que está a la vista no corresponde exactamente con la realidad que se oculta detrás de las apariencias?

Las apariencias y la pasión por lo último

En Portugal el culto a las apariencias se alía frecuentemente con la pasión por lo último, como intentaremos explicar a continuación.

Para ser considerado un triunfador, el portugués de clase media necesita al menos dos elementos de partida: una compañera española y un todoterreno. La moda de la española está ya un poco pasada, y nos recuerda lo que sucedía en España con los emigrantes, que a los dos años de estar trabajando en Francia se consideraban obligados a regresar de vacaciones al pueblo con coche propio y una nativa dentro. La tendencia portuguesa a estrechar lazos con la parte femenina del otro lado de la raya viene de antiguo. Había una extendida creencia de que la española era desinhibida y resultona, y que su compañía investía al varón portugués de cierto exotismo chic, proporcionándole un halo de poderío transfronterizo que hacía subir su cotización. Como, por otra parte, las españolas afirman que la densidad de guaperas portugueses supera con mucho a la de su país, los emparejamientos española-portugués se producían sin gran esfuerzo. Lo del todoterreno es harina de otro costal; en un momento dado de su vida, el varón luso siente la irresistible atracción hacia estas máquinas, de modo que un buen porcentaje pide un crédito, se compra un jeep y desde entonces pasa a utilizarlo para cualquier trayecto que rebase los cincuenta metros. Hablamos de vehículos de alta gama que consumen quince litros a los cien kilómetros y que podemos ver circulando por centenares en las horas punta, casi siempre con un único ocupante. El culto a la apariencia, como con la compañera española, se impone, y en esta ocasión se intentan mantener a toda costa los signos de un bienestar que ya no existe, que tal vez nunca existió, y aunque a partir del quince de cada mes el dinero no alcanza para el combustible, el propietario se resiste a dejar el todoterreno aparcado y tomar el autobús para ir al trabajo. Vender el jeep (que maldita la falta que le hace) y adquirir algo más modesto, ni se le pasa por la cabeza, porque eso afectaría a su estatus. Lo reservará para darse una vuelta los fines de semana y dejarse ver por el vecindario.

Las autopistas son uno de los símbolos indispensables para proporcionar apariencia de modernidad. Ya Oliveira Martins afirmaba en 1887 que «cuando en Portugal el silbo de la locomotora nos aturdió despertándonos para la vida económica, supusimos que todo el progreso económico consistía en construir carreteras y vías férreas y olvidamos todo lo demás», lo cual puede considerarse un anuncio de lo que ocurriría un siglo más tarde con los fondos europeos, dedicados preferentemente a tejer una red de autopistas absolutamente desproporcionada para las necesidades del país. Un desenfreno «modernizador» que satisfizo las tendencias megalómanas de los sucesivos gobiernos, pero que se reveló ruinoso para el Estado. No obstante, se continuaron firmando contratos blindados con los consorcios de la construcción, garantizándoles beneficios que quedaban al margen de cualquier contingencia y, en consecuencia, los portugueses están condenados a seguir pagando esta factura onerosa durante muchos años a través de sus impuestos.

La posesión de todo tipo de máquinas electrónicas es también un índice de bienestar al que no se puede renunciar, a pesar de la que está cayendo. Según estadísticas del Banco Mundial, en Portugal existe uno de los mayores porcentajes de teléfonos móviles de Europa, 17 millones de unidades, lo que supone más de un aparato y medio por habitante, incluidos los niños. Unidades sometidas a un uso intensivo en cualquier lugar, incluso en el coche, donde, según los estudios de costumbres, un 60% de los portugueses mantiene animadas conversaciones o envía mensajes mientras conduce. Hay 300 ordenadores personales por cada mil habitantes (142 en España), y un número de *tablets* y *ipods* que en términos relativos supera al existente en Alemania. El furor informático y electrónico prendió en Portugal mucho antes que en otros países del entorno. Ya en los primeros años 90, muchos coches llevaban bien visibles sobre el tablero uno de aquellos móviles, todavía de gran tamaño, por el que hablaban a gritos cuando paraban en los semáforos, ante la admiración de los conductores que aún no poseían un artilugio exclusivo hasta entonces de los espías de las películas americanas. La adhesión incondicional a la novedad se reflejaba también en los bancos, que instalaron antes que en la mayor parte de los países europeos cajeros automáticos para realizar operaciones a cualquier hora del día o de la noche. Los turistas españoles que paseaban por el Rossio lisboeta o por la avenida de los Aliados en Oporto, conocían así el prodigioso espectáculo de los billetes que salían por una ranura del cajero con la simple introducción de una tarjeta plástica y un código. La informatización universal, tenida como paradigma de la modernidad, da lugar a no pocas situaciones que complican la vida cotidiana al ciudadano. Con excesiva frecuencia en bancos, ayuntamientos o dependencias de la Administración, la actividad se paraliza porque los ordenadores dejan de funcionar o lo hacen con una lentitud que origina colas interminables. Los responsables del servicio adoptan entonces un aire resignado para explicar que «el sistema ha caído» o «está *em baixo*», y todos admiten la aclaración como si se tratase de una fatalidad, de una enfermedad incurable que también ataca a las máquinas y ante la que nada se puede hacer. Es curioso que la expresión «estar *em baixo*» es la misma que las personas usan para manifestar que están deprimidas. El lenguaje, una vez más, se antropomorfiza al referirse a las máquinas, que son así incorporadas al ámbito de nuestra afectividad y alcanzan la misma consideración de un enfermo de la familia. ¿Quién no conoce a personas que miman a su coche tanto como a un hijo, o le insultan, o describen sus prestaciones con idénticas palabras que si se estuvieran refiriendo a comportamientos de su mujer o de algún enemigo, y que con idéntico desparpajo le pasan amorosamente la esponja por el parabrisas o lo tratan de hijoputa si los deja tirados en la autopista? Ante un ordenador que no funciona solo cabe una educada resignación que impide al portugués de la cola cualquier atisbo de queja; tal vez ese recibo que espera podría ser redactado con bolígrafo y papel, y él o ella podrían regresar a casa con el asunto resuelto, pero hay que disculpar los pequeños riesgos de las nuevas tecnologías y apuntarse sin reservas a los inventos que nos sitúan en la órbita de lo moderno. Entre los logros positivos de esta devoción por la informática, que también los tiene, hay que referirse al pago del peaje en las autopistas sin parar el vehículo, la llamada Vía Verde, sistema inventado por portugueses y que varios decenios después de su puesta en marcha en Portugal, sus vecinos peninsulares todavía no han sido capaces de generalizar.

La pasión lusa por estar *à la page*, no siempre bien comprendida, es criticada por algunos extranjeros. Cuando *Wikileaks* reveló en 2010 el contenido de los telegramas secretos dirigidos a su gobierno por Thomas Jefferson, embajador USA en Lisboa, supimos que este diplomático definía a Portugal como «un país de generales sentados», e incluía en los informes que remitía a su gobierno, juicios nada diplomáticos sobre el país donde trabajaba. Afirmaba, por ejemplo, que «a los portugueses les encanta todo lo que es novedad -cazas, submarinos- aunque después no funcione». Acaso estaba pensando en el caso de los submarinos adquiridos a los alemanes por el antiguo ministro de Defensa, Paulo Portas, que costaron casi 1000 millones de euros. El asunto estuvo envuelto en polémica desde su inicio por las comisiones generadas y porque durante la negociación del contrato, los vendedores consiguieron ir rebajando la calidad del material ofrecido sin que el precio inicial descendiera en igual medida, lo que produjo unas pérdidas de más de 30 millones de euros al estado. Para disgusto del populista Portas, el caso de los submarinos vuelve a la superficie intermitentemente, mientras los obsoletos sumergibles sirven apenas para ser mostrados al público como piezas exóticas del atrezo militar luso.

Apuntarse a lo último, aunque no sea necesario ni conveniente, hacerse notar a cualquier precio, superar la propia pequeñez con impactos mediáticos o con el dispendioso recurso de matar mosquitos a cañonazos... Preocupaciones que se manifiestan en multitud de aspectos personales, pero también institucionales de la vida portuguesa. Aquí fueron usados por primera vez en Europa *drones* para detectar incendios o para controlar los movimientos de manifestantes en las acciones de protesta. Y mientras redactamos estas líneas nos llega una nueva aportación: el ministerio de educación decidió hoy la implantación del chino como lengua curricular en los niveles básicos de la enseñanza; no hay profesores para impartirla, ni se sabe la demanda social existente, ni han sido consultados los sectores implicados, pero ahí está la noticia, que aparece en todos los medios. Siempre en vanguardia.

En el día a día, la tendencia a *dar nas vistas* (aparentar), confluye con la afición por lo *in*, y ello tiene evidente reflejo en la vestimenta y en la imagen personal. El mercado de las marcas falsificadas -de excelente calidad- mueve muchos millones de euros al año y la venta de cosméticos no se resiente de las dificultades de los últimos años. Mientras el resto de los europeos se hacen con una máquina de cortar el pelo en el chino de la esquina para ahorrar unos euros, los varones lusos continúan frecuentando al peluquero tanto o más que las mujeres, y comprando tintes, champús carísimos y lociones diferentes para cada parte del cuerpo. Vale la pena observar cómo miman su cabello los portugueses, e incluso la calidad de las calvas, cuidadas y bruñidas cuando están a la vista o disimuladas por las pelucas más perfectas de nuestro hemisferio.

Y hay que vivir en una buena casa, naturalmente. Mientras en los países más prósperos se opta mayoritariamente por la vivienda alquilada, en los más deprimidos todo el mundo desea tener casa propia que, al igual que el coche, constituye un índice de prosperidad. Pero tampoco sirve cualquier casa. La vivienda a la que aspira el portugués de clase media ha de tener como mínimo tres baños (provistos de variados accesorios imposibles de manejar sin un cursillo previo), salas de estar tipo estadio, un sinnúmero de dormitorios y, por supuesto, terreno anexo con jardín. Los bancos se encargaban de hacer creer que cualquiera podía optar a ser dueño de tales desmesuras y concedían créditos que luego resultaron en lo que todos sabemos. Viviendas del tipo aquí descrito están hoy en poder de la banca y son compradas por especuladores a precios muy ventajosos, mientras que los ex futuros propietarios, ya sin capacidad económica para pagar las letras, han sido desalojados y se buscan un alquiler accesible o regresan al hogar paterno.

Algunos autores portugueses se han manifestado con especial dureza contra esta obsesión por la novedad y los tics copiados a los nuevos ricos. Uno de los más ácidos es Alberto Pimenta: «Los portugueses tenemos la idea de que el progreso consiste en tirar a la basura todo lo que está usado y sustituirlo por lo nuevo, lo que demuestra que no conseguimos integrarlo». Lo cual es otra manera de referirse a la «no inscripción» mencionada por José Gil. En cada época hay elementos que definen este *novo-riquismo.* Ya en el siglo XVI, el embajador del Papa escribía a Roma diciendo que no entendía por qué el barbero, un hombre muy pobre, tenía un criado negro para llenar la bacía cuando iba a la casa de un cliente para afeitarlo.

El arte de complicar la vida: orden, jerarquía, burocracia.

A lo largo de este texto se habla de algunos tics o constantes presentes en la vida portuguesa. Comportamientos, maneras de actuar o reaccionar ante situaciones, que llegan a constituir rasgos de identidad. La *no inscripción* estudiada por José Gil tiene mucho que ver con esto que decimos. Nos referiremos, de manera mucho más ligera que el filósofo, a algunas de estas tendencias propias de los habitantes lusitanos. Comenzaremos por lo que podríamos llamar *principio de no simultaneidad;* es decir, la arraigada creencia de que es física y hasta metafísicamente imposible realizar dos acciones al mismo tiempo. Los portugueses viven obcecados con esta idea que, en un principio, parece una buena recomendación para aumentar la productividad, ordenar las tareas y no atascarse intentando hacer varias cosas a la vez; lo que ocurre es que llevada a sus últimos extremos produce el efecto contrario y da como resultado que tareas simples ocupen el doble de tiempo preciso para ser ejecutadas. Pondremos algún ejemplo que aclare esta afirmación. Si usted compra unos calcetines y pregunta el importe cuando el dependiente aún no ha terminado de meterlos en su bolsa, éste no le responderá hasta que usted haya recibido el artículo. *Uma coisa de cada vez.* Una vez más la lengua delata las pulsiones de la comunidad, creando fórmulas que se repiten con una insistencia desusada. La recomendación *uma coisa de cada vez* se aplica a las más variadas situaciones, sin que muchas veces alcancemos a entender por qué. Seguramente con ella se rinde un homenaje a la demora en contraposición a la prisa, ese enemigo mortal siempre al acecho, pero es difícil admitir que haya que someterse al rigor del orden incluso en asuntos menores, que realizados *um de cada vez,* ocupan mucho más tiempo del necesario. La convicción de que atender a dos clientes al mismo tiempo nunca es posible, se alía con una cierta incapacidad de responder de forma mínimamente creativa o autónoma a situaciones del día a día, lo que da lugar a conflictos continuos. Ilustraremos la afirmación con algún ejemplo vivido en primera persona que podría formar parte de cualquier obra de teatro del absurdo. Estamos en una prestigiosa clínica privada de Lisboa. La clínica tiene un vestíbulo circular alrededor del cual están las puertas de los diferentes consultorios. Hay un amplio mostrador con dos dependientas y sobre las respectivas cabezas dos rótulos, uno de los cuales indica «Informaçión» y el otro «Consultas». Debajo del primer rótulo no hay nadie esperando en ese momento. Debajo del otro se inicia una cola de personas para concertar citas y proceder al pago de consultas. Un señor se acerca a la funcionaria de información y le pregunta cuál es la puerta de acceso al consultorio de un médico con el que tiene una cita a aquella hora. La funcionaria le pregunta: «¿Ya tiene el número para información?». El hombre responde: «Perdone, como no había nadie en la fila...», y se dirige a la maquinita expendedora de los números. Vuelve al mostrador, entrega el número y formula su pregunta sobre cuál de las puertas que están a la vista es la del consultorio de su médico, el Dr. Oliveira. Respuesta de la dependienta: «Lo siento, pero las informaciones sobre consultas las da mi compañera». El hombre: «Señorita, en esa cola hay muchas personas y yo sólo pretendo que me señale cuál es la puerta de mi consulta. Se me está pasando la hora». La chica: «La clínica tiene unas normas y todos debemos respetarlas. Lo referente a consultas debe ser tratado con mi compañera». El hombre, siempre sin perder la compostura, como corresponde a un buen portugués, volvía ya hacia la máquina de los números para ponerse en la otra cola, cuando uno de los que allí esperaban y había oído la conversación se le acercó y le dijo discretamente: «Soy paciente del doctor Oliveira; su puerta es aquella». De manera tan simple quedó solucionado el conflicto: el hombre pudo asistir a su consulta sin que se le pasara la hora y la dependienta cumplió escrupulosamente con las normas de la casa. La falta de iniciativa, la sumisión a normas absurdas sólo porque las ha dictado alguien superior en la jerarquía dificulta la vida de los ciudadanos y hace que se pierdan millares de horas que podrían ser empleadas en actividades más productivas o placenteras. Siempre que es posible se evita la responsabilidad de decidir. El culto a la jerarquía alimenta el pánico a tomar cualquier decisión sin el beneplácito del jefe, el sentido común se somete al criterio burocrático y el resultado es que el sistema funciona mal y a los ciudadanos se les complica la vida sin necesidad. Recordamos al respecto lo ocurrido en los años 90 a un alto directivo de un banco español establecido en Portugal, que a los pocos meses de haberse trasladado desde España para trabajar en su nuevo puesto nos confesaba: «He decidido regresar a Madrid, aunque allí me pagan menos de la mitad. Me enviaron para organizar la expansión del banco en todo el país y me paso el tiempo firmando autorizaciones para comprar grapas en la sucursal X o resolviendo problemas minúsculos de los que nadie quiere hacerse cargo». Y resumía la situación con una frase certera: «Aquí solo saben delegar hacia arriba».

En un contexto como el que describimos, la burocracia encuentra su mejor caldo de cultivo. El funcionamiento de la Administración se mantiene todavía «maniatado a un número infinito de leyes, reglamentos, instrucciones y órdenes aplicados por una plétora de funcionarios mal pagados y peor escogidos, ocupados en registrar, copiar y expedir un sinnúmero de oficios, duplicados, circulares, etc., casi todos innecesarios», como refería ya en 1890 el político Mouzinho de Albuquerque. La generalización de los medios informáticos en ocasiones no solo no agiliza la relación con los ciudadanos, sino que la complica. No se puede detener la actividad de un banco o de una dependencia de la Administración durante horas «porque el sistema ha caído», como ocurre a menudo, sin tener prevista una solución de recambio. Con la crisis financiera se multiplicaron las situaciones derivadas de una actuación demasiado ordenancista y burocrática, y cotidianamente ocurrieron deliciosas anécdotas que ilustran el culto ciego a la norma y explican hasta qué punto la incapacidad para decidir siguiendo el sentido común acaba perjudicando al ciudadano. Fue así con un accidente ocurrido cerca de Lisboa, donde la policía de tráfico comunicó al accidentado que no podían entregarle su informe para el seguro debido a que carecían de tintero para la impresora. El accidentado se dirigió a la papelería más próxima y regresó con un tintero para regalárselo a la policía, encontrándose con esta respuesta de un agente: «No entra dentro de mis competencias aceptar el tintero». Meses después, el accidentado denunció este caso en televisión explicando que el informe de la policía todavía no había llegado a la compañía de seguros. Un nuevo caso noticiado en la prensa fue el de otra comisaría en la que, habiéndose acabado el presupuesto para bombonas de gas y viéndose los policías impedidos de lavarse y ducharse con agua caliente, un comerciante de la zona ofreció suministrar gratuitamente el combustible mientras el problema se resolvía. El solidario vecino fue notificado de que la normativa prohibía la aceptación de cualquier tipo de regalos por parte de las fuerzas del orden.

Tras la rigidez ordenancista se ocultan a menudo la inseguridad y la falta de eficacia. No hay datos, pero Portugal debe tener un consumo de papel *per cápita* de los más altos de Europa. Por el *Diário da República*, equivalente del español Boletín Oficial del Estado, circula una cantidad inusitada de disposiciones de variado rango que a menudo abordan asuntos fútiles que interesan como mucho a cuatro o cinco ciudadanos. Cualquier organismo local se cree en la obligación de emitir circulares sin parar y las fija en bares, locales de paso y paradas de autobús, sin que los feligreses presten la menor atención. La informática ha acentuado esta pulsión del *verba volant, scripta manent*, y a ritmo de impresora, somos bombardeados sin piedad por papeles prescindibles que, además, no suelen traer buenas noticias. Unamos a esto el vendaval publicitario para el que necesitaríamos un buzón de un metro cúbico en cada casa, y concluiremos que no hay tiempo para leer ni la décima parte de la información que nos llega o nos asalta en los lugares más inesperados.

Afectos, familia, niños.

Entre los portugueses actúa con una fuerza desproporcionada lo que podríamos llamar *principio de la primacía de los afectos*, y esta presencia influye decisivamente en múltiples aspectos, que van desde la forma en que se entiende el propio país, la conexión de este con su contexto y la resolución de eventuales discordias personales o colectivas. La escritora Lídia Jorge, refiriéndose a la escasa reacción ciudadana contra la crisis que afecta a Portugal desde 2008, habla de que «los portugueses no hemos aprendido a decir en voz alta lo que pensamos y sentimos piedad por los verdugos». De hecho, la compasión es una manifestación emotiva que marca la vida portuguesa para bien y para mal. Durante la crisis citada esto se hizo muy patente con demostraciones continuas de la capacidad solidaria de las capas populares para socorrer a los más precisados de ayuda; cualquier llamada a participar en eventos culturales de carácter benéfico obtiene de inmediato una respuesta masiva; las peticiones para donar alimentos que se efectúan entre los clientes de los supermercados los fines de semana, son correspondidas con una generosidad que suele rebasar todas las expectativas, a pesar de estar dirigidas a un público que también pasa por severas dificultades. Si toda esa energía altruista se aplicase a conseguir objetivos más ligados al concepto de justicia que al de caridad, el portugués sería el pueblo más combativo del planeta. Volviendo a la frase de Lídia Jorge, digamos que también después del 25 de abril de 1974 se dio el caso raro de que los buenos sentimientos hacia los torturadores y explotadores del antiguo régimen se antepusieron a los deseos de venganza o de justicia, así que un manto de impunidad cubrió el país y los responsables de los desafueros de la dictadura pudieron tomarse unas vacaciones mientras esperaban regresar con los vientos favorables que no tardarían en llegar. En la vida cotidiana abundan los episodios que muestran esta tendencia casi morbosa al perdón universal. Recientemente, asistimos a uno de ellos en un teatro de Lisboa. Se encontraba entre el público un exministro y exalcalde que acababa de salir de prisión después de cumplir una condena de varios años por corrupción y apropiación indebida de dinero público, cuando el simple hecho de levantarse y ayudar a una anciana a tomar asiento en su misma fila fue saludado por los espectadores con una salva de palmas, como si se tratara de un acto heroico.

Acaso sea la herencia de una sociedad con un importante componente rural lo que explique que los factores afectivos y familiares condicionen de una manera tan determinante la vida de los portugueses. La familia ha sido (y en gran parte continúa siendo) una célula fundamental que, según José Gil, «generó comportamientos, automatismos, modos tan poderosos de relacionarse material y espiritualmente, que condicionaron globalmente lo que se podría llamar *afectividad social*».

En efecto, la familia entendida como clan agrupado en torno a la autoridad del *páter familias,* aún es un elemento de cohesión que renace y se hace más evidente en situaciones de conflicto. La tribu se agrupa ante las dificultades y sus miembros más frágiles buscan el apoyo de los mayores, que hasta el último momento dedican sus recursos a proteger a quienes lo precisan. Las figuras del padre y de la madre son evocadas con respeto y su memoria es preservada por los hijos. El ritual del luto se mantiene vigente entre los mayores de 55 años, que son una gran parte de la población portuguesa. La tradición católica señala un luto de 18 meses a 2 años por la muerte de los padres, 1 año por un hermano, 8 meses por los abuelos y 3 meses por los tíos. Ya no se suspenden las matanzas de animales ni se mantiene el encierro en casa, pero el duelo se sigue reflejando en la vestimenta y en la no asistencia a casamientos, aniversarios y eventos de carácter festivo. El recuerdo de los padres fallecidos adquiere formas múltiples, e incluso pintorescas. Muchos locales públicos, restaurantes por ejemplo, están presididos por una fotografía de los padres del propietario, que desde su observatorio parecen contemplar el paso de las viandas y la prosperidad del negocio filial. Los homenajes afectivos se extienden a otras personas ajenas al círculo familiar que merecen ser recordadas porque procedieron bien con nosotros. En una ocasión preguntamos al dueño de una taberna quién era el caballero de una pequeña foto ovalada fijada en la pared, y después de dirigirle una mirada conmovida, nos respondió: «Es un vecino del barrio que me prestó los primeros doscientos escudos para alquilar este local cuando emigré a Lisboa desde el Alentejo». No cabe una demostración más cabal del agradecimiento humano, y lo decimos sin ningún tipo de ironía.

Los rituales tradicionales que acompañan a bodas y funerales son motivo de reunión del grupo y los aniversarios son puntualmente celebrados. Admira la capacidad de los portugueses para fijar en la memoria, sin un solo fallo, las fechas de los cumpleaños de las personas que forman el círculo de familiares y amigos. Tal muestra de interés afectuoso viene acompañada del correspondiente obsequio, de manera que el gasto en regalos *per cápita* debe alcanzar en Portugal un nivel altísimo. Es importante que la celebración de un aniversario tenga una dimensión pública para que otras personas participen de la alegría de los festejantes. Esta es la razón de que muy a menudo nos encontramos con que mientras tomamos una copa o cenamos en algún local, una voz comienza a entonar el *Cumpleaños feliz* (*Parabéns a você*), porque algún asistente cumple años, y el cántico es coreado con entusiasmo por todo el mundo mientras el *bolo* (tarta) de rigor circula entre las mesas y es compartido por la clientela.

La entrañable *familiaridad* característica de los portugueses sirve para aproximar a la gente entre sí y contribuye a fluidificar el trato, pero trasladada al terreno de lo público, distorsiona esa relación y tiende a sustituir el concepto de ciudadanía por el de compadreo, uno de los factores que indican la existencia de un déficit democrático. Hay un peso excesivo de la afectividad que se impone a otras variables de la vida social y está en el origen del caciquismo, todavía muy presente, sobre todo en zonas rurales. Conocer a alguien, tener a un familiar en la administración local, sigue siendo un factor decisivo a la hora de resolver cualquier asunto con prontitud y de manera más favorable. Lo cual no significa que ayudar a los próximos, a *los nuestros*, persiga siempre un beneficio económico; a menudo basta con la gratificación afectiva. Esta misma afectividad tiene una presencia desmesurada en los medios de comunicación, que dedican grandes espacios a desmenuzar violaciones, divorcios, crímenes y perversiones varias, con especial atención a la pederastia. Viendo los noticiarios televisivos o leyendo las crónicas de sucesos (80 por ciento de las páginas de muchos diarios y revistas), se diría que la población adulta del país tiene como pasatiempo favorito la práctica pedófila y que los niños deberían ir permanentemente armados para defenderse del acoso de curas, familiares y profesores. Las noticias sobre niños abren frecuentemente los telediarios y pasan por encima de acontecimientos de mucha más enjundia. Si una pareja de ingleses deja a su hija pequeña en el automóvil mientras bebe unas copas en un bar cercano, las tres cadenas inician el noticiario de la una de la tarde con el relato pormenorizado de lo ocurrido. Y es entrevistado el guardia de servicio, que cuenta cómo el propietario de un restaurante próximo se apresuró a proporcionar una ración de pescado cocido que «la niña consumió vorazmente», porque evidentemente, «estaba hambrienta». El noticiario continúa explicando que al poco tiempo aparecieron los padres, pero ante la sospecha de que pudieran encontrarse bebidos, la niña fue trasladada a una institución asistencial, donde pasó la noche después de ser examinada. Durante los días siguientes la noticia continúa gozando de gran cobertura mediática, con la entrada en escena de especialistas en malos tratos y otros expertos que profundizan en el asunto desde variadas vertientes, analizando los daños irreversibles que la criatura podría experimentar en su psique a causa de la irresponsabilidad paterna motivada, seguramente, por la insuperable tendencia de los ingleses a la ingesta de bebidas alcohólicas. La consideración de que en el extranjero se descuida un tanto la crianza y cuidado de los niños está bastante extendida, y así se refleja en los medios. Recordemos al respecto que la teoría sostenida durante mucho tiempo por la Policía portuguesa en torno a la desaparición de la niña Madeleine McCann en el Algarve, insistía en culpabilizar a los padres por encontrarse cenando en un restaurante próximo cuando sucedió el hecho. En justicia hay que decir que los culpables de los sucesos con niños de por medio, no son siempre extranjeros. Así vemos el caso de un ama que tenía a su cuidado a diecisiete niños y fue filmada mientras aplicaba varios cachetes a uno de los infantes. De inmediato se desató una campaña con abundantes reportajes y debates sobre la necesidad de combatir los malos tratos a la infancia y la prensa reservó los principales titulares para dar cuenta del desafuero cometido. Cuando llegó el juicio, a pesar del arrepentimiento de la acusada y de que los padres se mostraran indulgentes debido a la complicada situación psicológica por la que pasaba la mujer, a la que se le había muerto recientemente el marido y padecía graves dificultades económicas, el ama fue condenada a dos años de prisión, con lo que los niños del país pudieron respirar tranquilos durante una temporada. La atención mediática a los niños estimula a estos para desarrollar teorías sobre su visión del mundo, opinar sobre las interacciones familiares en el hogar y elaborar sentencias, aforismos y definiciones, como aquella proferida por una criatura de diez años, a la que un *repórter* televisivo preguntó durante la celebración del Día Internacional de la Infancia: «¿Qué significa para ti ser niño?». Respuesta: «Ser niño es un camino luminoso para llegar a ser adulto».

Digamos también para ser justos, que junto al amarillismo afectivo, que tanto vende, existe una prensa seria y profesional, y que muchos de estos medios, en nuestra opinión, superan en calidad, rigor y creatividad a sus colegas españoles.

Acreditar

Enfrentados con la realidad, los portugueses adoptan dos actitudes aparentemente contradictorias. La primera consiste en un fatalismo según el cual las cosas son como son y no vale la pena esforzarse para cambiarlas. Una certeza que pertenece a los sustratos más profundos de la conciencia y nace de tener asumida la propia pequeñez y el lugar subsidiario que, en contraste con una historia esplendorosa, ocupa hoy el país en el concierto universal. Por otra parte, además de ser pequeño en tamaño, Portugal vive al lado (pero de espaldas) de un país mayor, al que erróneamente consideran más próspero y afortunado, y eso tampoco ayuda. Para defenderse de este pesimismo racional, los portugueses se apoyan en la convicción de que existen fuerzas externas que actúan sobre la realidad y hacen alcanzable cualquier objetivo siempre que creamos firmemente en que así ocurrirá. Es una manifestación literal de la frase «querer es poder», y refleja una actitud que, al contrario que la primera, se sitúa en el plano extrarracional. Tal manera de estar en el mundo se resume con un verbo omnipresente en conversaciones, medios de difusión y hasta en comunicaciones oficiales: *acreditar*. Podríamos traducir *acreditar* por «creer», pero es mucho más que eso. Pertenece al ámbito de la fe (religiosa o no), y vale para expresar una certeza sin sombra de duda que con frecuencia se manifiesta como *principio de absoluta confianza en las propias capacidades*. Si el Benfica juega con un equipo extranjero teóricamente superior, como ocurrió en una final contra el Chelsea, rápidamente aparecen millares de ciudadanos enfundados en camisetas con el lema *Eu acredito;* si una empresa va a despedir a 200 trabajadores, estos se manifiestan bajo una pancarta que dice *Esta empresa tem futuro: Nós acreditamos.* Basta esta confianza para esperar que nuestro deseo se cumplirá. Incluso se montan empresas que «ayudan a los portugueses a *acreditar* en sus sueños». ACREDITA PORTUGAL es una de estas organizaciones. Sus promotores explican que basan su estrategia en preguntar a los ciudadanos: «¿Cuál es su sueño? ¿Qué está haciendo para realizarlo?». (La segunda pregunta es necesaria, indican, porque «el 90 por ciento de las personas no hacen nada»). A partir de ese momento, la «Dream Factory» (Fábrica de Sueños) inventada por los dinámicos empresarios, entra en acción y elabora un «Business Plan» que, «en formato Power Point», es entregado al cliente para permitirle realizar su sueño. La empresa garantiza que, los participantes, una vez en este punto, «nunca volverán a ser los mismos». Como se ve, ACREDITA PORTUGAL proporciona las herramientas para que la fe mueva montañas y todo lo que se ponga por medio porque, quien acredita, alcanza.

Fauna peninsular: el chico-esperto.

El *chico-espertismo*, en el contexto de Portugal, es definido por el filósofo José Gil, como «la habilidad para sortear la ley o incluso violarla sutilmente con fines egoístas». Muy certero, porque no cabe duda de que la característica común de todas las variedades de *chicos-espertos* es la capacidad de engaño. Vale la pena extenderse en el comentario sobre la vida y milagros de esta especie que a veces hasta resulta graciosa en sus habilidades; en otras ocasiones, da lugar a verdaderas catástrofes capaces de amargar la vida a muchos inocentes.

Los *chicos-espertos* están por todas partes, aunque en el continente europeo prefieren los climas cálidos. Uno de los antecedentes de las especies ibéricas actuales es el pícaro, que se correspondería con el listillo aprovechado que se presenta como poseedor de múltiples habilidades y saberes. Al final se revela como un pobre diablo que, a base de infinita cara dura, se atreve a enfrentarse y a dar solución a cualquier problema, incluso a aquellos que manifiestamente le rebasan. Lo malo es que en el tiempo que invertimos en descubrirlo puede llevar a cabo algunos desaguisados. El *chico-esperto* es el *faz-tudo* que lo mismo arregla un grifo, pinta una casa o nos cubre la declaración de la renta; el resultado suele ser que la casa se inunda, las paredes se desconchan a los pocos días y el IRPF nos sale por el doble de lo debido. Pero esta es una subespecie menor de *chicos-espertos* que se desarrolla en hábitats domésticos y raramente ocasiona grandes cataclismos.

Un segundo grupo de *chicos-espertos* es fácilmente identificable porque vive en inestabilidad permanente y la mayor parte del tiempo se le va en urdir argucias para evitar los peligros con que el sistema intenta controlarnos y penalizarnos: las multas, los impuestos, las colas... Sobre él han escrito numerosos autores, conscientes de que es un personaje cuyos rasgos definen un modo bastante común de transitar por la sociedad portuguesa. Ya en sus tiempos escolares hacía la pelota al profesor, buscando siempre el mayor protagonismo e intentando caer en gracia al poder presentándose como el líder, como el mejor de todos, aunque para ello tuviera que pisar a los compañeros, mentir, copiar o hacer trampas continuamente. El *chico-esperto* solía utilizar como encubridores a «dos o tres microcéfalos que vivían bajo su protección», como un estudioso de estos ejemplares escribió. Era una figura odiosa para la mayoría de la clase, que lo miraba con rechazo y recelo, pero no parecía importarle demasiado, porque su único objetivo era pasar de curso, no por los méritos contraídos, sino por sus habilidosas trapacerías.

Si pasamos a la política y hubiera que adjudicar el título de campeón del *chico-espertismo* ibérico, nos veríamos en un aprieto; tal es la cantidad de meritorios candidatos que nos vienen en seguida a la cabeza. Igual que en *hockey* sobre patines, Portugal y España son dos potencias mundiales en el tema, y los *chicos-espertos* abundan y proliferan como ratas en cloaca. Este espécimen se adhiere a los aparatos partidarios, que premian antes que cualquier mérito la fidelidad ciega al jefe. El *chico-esperto,* que como decíamos ya viene entrenado del colegio, ejerce sus mañas y asciende en la jerarquía a base de adular, poner zancadillas y conspirar, en el peor sentido de la palabra. Este *chico-esperto,* también denominado *trepa,* se adapta a cualquier territorio ideológico y alcanza especial maestría en el manejo de un inagotable bagaje de trampas y triquiñuelas que suelen llevarle hasta el lugar que pretende en la escala de mando. Una vez allí instalado, el *chico-esperto* no perderá la concentración y dedicará toda su capacidad de engaño a impedir que le arrebaten el sillón tan laboriosamente conseguido. Frecuentemente, el *chico-esperto* de altos vuelos continúa su progresión y acaba ingresando y engrosando el bando de los corruptos, porque para triunfar en la cofradía de quienes medran y se enriquecen apropiándose de lo que no es suyo, se requiere una buena dosis de *chico-espertismo*.

Sobre el *chico-esperto* político hay testimonios abundantes escritos por antiguos compañeros de viaje que decidieron dar a conocer las interioridades y tejemanejes de tales personajes que, con sus mañas arteras, gozan de un estatus privilegiado. Por poner solo un ejemplo próximo en el tiempo, he aquí algunos comentarios que viejos colaboradores «arrepentidos» profirieron sobre Dias Loureiro, eximio ex diputado y ministro de la Administración Interna en uno de los gobiernos de Cavaco. Trátase del responsable de la actuación policial en las protestas por los peajes del Puente 25 de abril, un individuo implicado en multitud de casos delictivos que le han servido para acumular una enorme fortuna bien guardada en paraísos fiscales sin que el brazo de la justicia le haya alcanzado nunca, ni siquiera cuando se le consideró uno de los principales implicados en el mayor fraude post 25 de abril, el BPN (Banco Portugués de Negocios), que estuvo a punto de destruir el sistema financiero y costó 10000 millones de euros a los contribuyentes. Uno de sus compañeros habla de él así en su blog: «Cuando le conocí, él era presidente de la Mesa del Congreso de mi partido y se comportaba como una especie de dios ante el cual todos guardaban un silencio reverencial. Al dejar un cargo político, en 1995, afirmó que cuando accedió al mismo ganaba el equivalente a 40.000 escudos y que salía sin dinero alguno. Pero seis años más tarde se vio obligado a declarar ante las finanzas que sus ingresos en los 365 días anteriores habían sido 200 millones de escudos generados por sus negocios y su actividad como abogado. Por culpa de este y otros *chico-espertos*, Portugal va a permanecer empeñado durante muchos años». Después de dejar el ministerio, Dias Loureiro fue consejero de Estado y ahí le pilló el caso BPN.

El *chico-esperto* se encuentra cómodo en Portugal, pero no se libra de ser objeto de las iras o del sarcasmo en los medios de comunicación con textos que se repiten en blogs y redes sociales de Internet. He aquí una pequeña selección que nos puede ayudar a establecer nítidamente el perfil de este ejemplar en sus varios formatos y, si procede, protegernos de sus asechanzas:

«El *chico-esperto* es una figura que abunda en la sociedad portuguesa. Desde académicos plagiarios a gestores que reciben inmensos beneficios por negocios previamente amañados, desde conductores que adelantan a los otros para ocupar su lugar en los atascos hasta políticos que benefician a determinadas empresas con las cuales después se contratan, el *chico-espertismo* se ha vuelto tan común que ya no lo recriminamos y diríamos que forma parte del ADN nacional».

«A pesar de ser estúpido, el *chico-esperto* se cree inteligente. Tiene noción de su falta de honestidad, pero se disculpa porque está convencido de que el mundo pertenece a los listillos. Parece seguro de sí mismo, pero como cualquier manipulador vive con el temor permanente a ser descubierto».

«Entre los supervivientes de la identidad lusitana, cada vez más difusa en un espacio europeo que acaba con las diferencias e individualidades nacionales, existe un espécimen muy especial que pulula en ciudades, villas y aldeas del país: el *chico-esperto*».

«En cuanto a su carácter, los rasgos distintivos del *chico-esperto* son el egoísmo y el orgullo, pero también la confianza y la ambición. Mas, a pesar de su visión estrecha y su imbecilidad sin lucidez, a él debemos gran parte de nuestro Producto Interior Bruto. Él es casi siempre ese pequeño o gran empresario que hace moverse al país, no importa con qué coste».

«El *chico-esperto* se cree en posesión de una inteligencia sobrenatural y considera que se puede salir de cualquier situación recurriendo a una elocuencia engañadora. También se juzga un mago de las finanzas con inteligencia sobrenatural para los negocios y para detectar toda clase de gangas».

«Utiliza el *chico-esperto* un conjunto de técnicas infalibles que le permiten aprovecharse del prójimo mediante rodeos, engaños y trampas diversas. Cuando compra algo, sea una vivienda o un par de calcetines, se las arregla para obtener un buen descuento; si está en una cola se la salta discretamente para colocarse el primero; sale una ley y se pone de inmediato a estudiar sus fallos para incumplirla; si alguien le reprende, se hace el sordo. En la carretera es el peor conductor que pueda imaginarse, porque se dedica a sacar ventaja de cada centímetro, aunque sea a costa de la seguridad de los demás, y siempre en la creencia de ser él mismo un conductor genial aún no descubierto para la alta competición».

La cultura que resiste y los buenos traidores

En el ámbito cultural, sin embargo, encontramos una prueba de que no todo es catastrófico. Hay aquí un terreno oficial con pocas diferencias respecto a lo que sucede en el país de al lado y en él se suceden los episodios chuscos atribuibles a la escasa competencia de los gestores que están al frente de estos asuntos, artistas frustrados o políticos con pocas lecturas a los que no se sabe dónde colocar. Uno de los casos más clamorosos fue el de los cuadros de Miró heredados por el estado, procedentes del banco BPN, que quebró dejando una deuda que ya va por los 10000 millones de euros, a pagar por todos los portugueses. En vez de dar un fin social a esta colección incorporándola al patrimonio cultural portugués u ofreciéndola a un museo para disfrute de la población, el gobierno decidió enviarla a Londres para ser subastada. Pese a las protestas, el gobierno mantuvo su decisión de vender los cuadros, acción que terminado 2014 todavía no fue consumada debido a la negativa de los subastadores, que alegan que la importación de las obras se realizó de manera ilegal. Como agravante de esta situación, añadamos que el precio estimado de uno de los cuadros es de 36 millones de euros y que el banco quebrado fue vendido a los angoleños por 40 millones, lo cual invalida cualquier razonamiento de orden económica para justificar la subasta.

Pero al margen de la inanidad de la política cultural patrocinada por la administración, existe una actividad creativa rebosante de vitalidad y con unos índices de calidad sorprendentemente altos. En literatura, música, teatro, artes plásticas, arquitectura, el número de figuras portuguesas de primera línea mundial es muy superior al que se podría esperar de las reducidas dimensiones del país. Basta pensar en algunos nombres de las últimas décadas (Saramago, Lobo Antunes, Herberto Helder, Júlio Pomar, Paula Rego, Siza Vieira, Souto Moura, Maria João Pires, Manoel de Oliveira, entre muchos otros pertenecientes a todo el espectro de las artes) para justificar la afirmación. Después de vivir en Portugal muchos años y recorrerlo de punta a cabo, dudamos que exista otra área geográfica con más kilos de talento por kilómetro cuadrado. Si Portugal fuese declarado reserva artística de Occidente y ese título tuviese una compensación económica, la prosperidad del país estaría garantizada. En el más insospechado rincón, en el más humilde evento cultural puede deslumbrarnos el relámpago del ingenio, de la genialidad incluso, que se manifiesta a través de un artesano, de un músico, de un inventor, de un poeta que acaso nunca sea conocido más allá de los límites de su aldea. También existen áreas (el diseño, por ejemplo) donde la maestría de los portugueses goza de reconocimiento unánime, hasta el punto de que países como

Estados Unidos garantizan el trabajo a los diseñadores lusos y se los disputan para incorporarlos a su industria.

Pocas ciudades poseen una oferta cultural tan rica y variada en cualquier época del año como Lisboa y, a poca distancia, Oporto. El número de exposiciones, conferencias, recitales, conciertos es apabullante. No nos referimos solo a los actos en los grandes centros culturales de las capitales citadas (Goulbenkian, Culturgest, Centro Cultural de Belén, Fundação Serralves, etc.), sino al circuito paralelo y en demasiadas ocasiones invisible para quienes no están en la onda, que se desarrolla en los barrios, colectividades recreativas, pequeños teatros, bares donde trabaja en condiciones heroicas una multitud de artistas. Portugal cuenta con una red asociativa impresionante. No hay barrio ciudadano, pueblo o aldea que no tenga una o más de estas colectividades. La mayoría de ellas lleva el rótulo de asociaciones «para la educación, el deporte y la cultura», y son una creación del Estado Novo. La preocupación salazarista por tener controlados a los ciudadanos en las horas de ocio motivó que en ellas se diese prioridad a actividades como el folclore o la convivencia gastronómico-festiva, pero el 25 de abril del 74 les insufló nuevos aires y otros contenidos más ligados a las necesidades de una población culturalmente desatendida hasta entonces. Por ellas pasaron artistas que habían estado proscritos por el régimen, se desarrollaron campañas de alfabetización, se crearon grupos y colectivos que encontraron allí el espacio para mostrar sus trabajos dentro de un espíritu cooperativo y solidario. Las colectividades han perdido hoy, salvo excepciones, aquel carácter, y sirven preferentemente de lugar de encuentro y esparcimiento donde se bebe, se ve la televisión o se juega al *snooker*, pero siguen desempeñando un importante papel vertebrador en pueblos y aldeas. Aquel es el lugar de ensayo de las innumerables bandas de música y grupos (*ranchos*) folclóricos donde se socializan y desarrollan sus capacidades artísticas niños, jóvenes y viejos. Sin estas entidades hubiera sido muy difícil preservar algunos componentes culturales típicamente portugueses, como el fado, en su estado más genuino. Después de su reconocimiento como patrimonio cultural de la humanidad por la UNESCO, esta forma musical vuelve a estar de moda, pero hubo de pasar una larga travesía del desierto; en una primera fase, durante el salazarismo, que intentó asimilarlo, recluyéndolo en las casas de fado como artículo de consumo para turistas, y en una segunda, durante el periodo post-revolucionario, cuando el progresismo imperante lo rechazaba por considerarlo reaccionario. El fado superó ambas situaciones refugiándose en colectividades y tabernas, en régimen de semiclandestinidad, y gracias a ello pudo mantener las raíces intactas y seguir alimentándose de los anhelos y pasiones del pueblo pobre y maltratado donde nació.

La relación del país con sus hijos eximios es a menudo un tanto conturbada y, al igual que en España, muchos de ellos han de salir de su patria en busca de mejores oportunidades para desarrollar sus carreras. Un caso paradigmático es el de José Saramago, que desplazó su residencia a España empujado por los conflictos originados en torno a su *Evangelio según Jesucristo*. Saramago se ganó desde entonces cierta aura de apátrida, de traidor incluso. Esta manía ibérica de maltratar a algunos de sus mejores ciudadanos cuenta en España con una larga nómina de «traidores» necesarios. Para no remontarnos a la Edad Media, fueron de esta estirpe los afrancesados (Moratín y Meléndez Valdés entre ellos), condenados por su adscripción a las ideas emancipadoras y progresistas que habían acabado con la monarquía gala; lo fue una buena porción de la generación del 98, lo fue Blanco White, tal y como lo es su valedor Juan Goytisolo. Buenos traidores todos ellos. José Saramago acumula agravantes para quedar en la historia como un tipo poco de fiar: vivió en suelo extranjero porque una obra suya fue censurada, denunció la dictadura del mercado y el pensamiento único, describió la cacareada globalización como una zanahoria tras la cual los poderosos obligan al resto a caminar a ciegas, apoyó revoluciones y causas «trasnochadas», escribió parábolas que demuestran escasa fe en la democracia representativa, creyó en una unión *inter pares* de los países ibéricos, era comunista.Y por si no bastase, se emparejó con una española. Incluso después de la atribución del Nobel fue atacado o ignorado por una multitud de pequeños intelectuales que han abdicado de lo que antes se llamaba compromiso social y ético. Era esta noción de compromiso y su manera de abordar la relación con su país lo que emparenta a Saramago con los escritores españoles del 98, aquellos testigos atormentados por la decadencia de su patria, que clamaban contra la incompetencia y la ineficacia, contra el aislamiento y la marginalidad, contra el fiasco colonial. ¿No está todo el 98 en Saramago cuando habla de abril del 74, la revolución hermosa que trajo la libertad, pero no el bienestar ni la justicia, ni los cambios estructurales tan necesarios en Portugal? La respuesta a su crítica fue, una vez más, la que siempre se aplica a lo que hemos llamado los buenos traidores: el ninguneo, el silencio, la injuria que tan bien manejan los mediocres, aunque en el caso de Saramago, por las dimensiones del personaje, tan burdas recetas difícilmente den el resultado apetecido.

Hablar extranjero

Es conocida la poca inclinación española por aprender otras lenguas distintas de la materna. Incluso hay quien afirme que los españoles sufren de una incapacidad genética y psicológica para los idiomas y tal sería la causa, por ejemplo, de los penosos espectáculos ofrecidos por nuestros políticos en sus apariciones junto a representantes extranjeros; en efecto, mientras los españoles usan el castellano en sus intervenciones y necesitan permanentemente al traductor a menos de cincuenta centímetros de distancia para enterarse de lo que dicen sus colegas de otros países, estos suelen expresarse con fluidez en varias lenguas. Lo más preocupante es lo del inglés. El españolito comienza su aprendizaje en la escuela primaria y cumplidos los cincuenta años continúa sin llegar mucho más allá del «my tailor is rich». Y eso que una parte de ellos, con gran sacrificio de sus padres, tuvieron la oportunidad de disfrutar de un verano en Londres «para practicar» cuando eran jóvenes. Lo malo es que allí no consiguieron su objetivo porque, al comprobar que su nivel no era suficiente ni para entenderse a la hora de hacer la compra o pedir una cerveza, en seguida cayeron en una profunda depresión y se asociaron a otros españoles desamparados que andaban por allí como ellos, olvidándose completamente del inglés, aunque en lo que se refiere a los chicos, bastante menos de las inglesas. Y de aquella estancia quedaron apenas el relato de un par de batallitas para contar y una colección de llaveros y camisetas compradas en Shaftesbury Avenue para mostrar a los amigos. De vuelta a la patria, y al igual que los que no habían tenido la suerte de ir a Londres, siguieron apuntándose intermitentemente a clases de inglés durante varias décadas, siempre con la esperanza de que algún día, por fin, conseguirían explicar a un turista en su idioma cómo llegar desde la plaza de Oriente hasta la Puerta del Sol.

La incompetencia lingüística hispana ha dado frutos memorables. En el Guiness debe figurar España como único país que ha logrado tener durante cuarenta años una sucesión de presidentes de gobierno negados para pronunciar una sola frase compuesta en inglés. Por no hablar del inefable *show* montado por la delegación española defensora de la candidatura olímpica de Madrid para el 2020 que, con la señora Botella de actriz principal, nos colocó en el *top* del *ranking* mundial de los ridículos, lo que no resultó nada *refreshing*, sino bastante *depressing* para la imagen del país.

Contrasta esta situación con la capacidad portuguesa para expresarse en lenguas extranjeras. Acaso al término capacidad debiéramos añadir el de osadía, entendiéndola en su acepción más positiva. Ocurre que el español llega a Londres, se acerca a un nativo y le pregunta en perfecto *british* con acento de Alcalá de Henares dónde está la boca de metro más próxima. El inglés le mira con cara de no entender nada y sigue su camino. Al segundo intento con el mismo resultado, el español se desanima. «¿Cómo es posible que estos capullos no me entiendan si estoy repitiendo al pie de la letra la frase indicada en el método para estas ocasiones?», se interroga. Acto seguido cae en la fase melancólica y después, como queda dicho, viene lo de buscar la compañía de otros compatriotas víctimas también del Assimil.

El portugués se enfrenta al problema con ánimo positivo y, sin miedo a equivocarse, repite la pregunta las veces que haga falta, ayudándose de la mímica cuando es preciso. Su pronunciación, probablemente, le ayudará mucho más que al español, poseedor de un sistema fonético muy poco flexible, pero será sobre todo su actitud la que le hará progresar más rápidamente y salir de los apuros con mayor facilidad.

En Portugal, debido a la ausencia de doblaje, los niños se tragan cientos de vídeos, juegos y películas en versión original. Con el mercado audiovisual dominado por los americanos del norte, la lengua de estas producciones es en un noventa y cinco por ciento la variante USA del inglés, así que, a partir del desmame, una catarata de significantes anglosajones inunda los oídos infantiles. Las criaturas son de este modo sometidas a una inmersión lingüística televisiva que es casi como si hubieran nacido en Ohio, y esto favorece el aprendizaje natural del inglés. La similitud del sistema fonético portugués con el inglés facilita también la adquisición de un acento tal vez más neoyorquino que *british*, pero perfectamente entendible para cualquier angloparlante.

La pasión de los portugueses por la lengua inglesa es sólo comparable a la que sienten por la mousse de chocolate. Es una influencia histórica y perceptible en muchos aspectos de la vida cotidiana que van desde la preferencia por determinados ingredientes culinarios hasta la organización de los horarios. Pero hace tiempo que los portugueses olvidaron al amigo Wellington, el inglés que les ayudó a mantener su independencia, para cambiarlo por el tío Sam y, como en todas partes, también en Portugal hay un mimetismo acentuado del modelo de vida americano. Los jóvenes desdeñan la excelente cocina de sus ancestros y entre un plato de bacalao À Zé do Pipo y una dudosa hamburguesa -quise decir *hamburguer*, perdonen el arcaísmo- impregnada de fluidos multicolores y viscosos, eligen sin dudar la segunda. Los chicos se tratan por *man*, que ha sustituido al castizo *meu*, y se visten como pivots de la NBA incluso en invierno. Ellas se desplazan con unos extraños andares copiados de las modelos en las pasarelas y se dedican mayormente a la masticación de goma elástica combinada con el envío ininterrumpido de *whatsapps*.

La avalancha de anglicismos podría entenderse como un fenómeno universal derivado de la hegemonía del inglés en la economía y las finanzas, pero en Portugal resulta especialmente agobiante. Se puede sospechar que la mitad de la población no entiende el significado de la mayoría de los términos importados que invaden la lengua oral y escrita, pero la otra mitad, que se considera más ilustrada, insiste en aderezar su discurso con una infinidad de vocablos y giros foráneos que no obedecen a ninguna necesidad expresiva, sino a la acentuada anglomanía instalada en la sociedad portuguesa. Si preguntas a un funcionario por su puesto laboral es fácil que te responda que su trabajo es *front-office*, pero que espera pasar en breve a *back-office* porque el trato directo con el público es muy estresante. Los políticos ya no dan ruedas de prensa después de las reuniones, ahora ofrecen *briefings*, y los periodistas los critican cuando no permiten el *feedback*. El técnico informático nos insiste en que, para evitar pérdida de archivos, hagamos un *backup*, es decir, una copia. Hasta en las manifestaciones aparecen pancartas en inglés. Por ejemplo estas, vistas en actos de protesta recientes: *Fashion Group shame you*, *We´ll never walk alone* o *Don´t fuck my job*. Un autobús fletado para concienciar a los conductores de los peligros de dormirse al volante, recorrió el país en 2013 con el objetivo de concienciar a la población; en la parte anterior llevaba escrito con grandes caracteres: *Wake up bus*, y en los laterales: *Don`t give sleep a ride*. Ni una sola palabra en portugués, con lo que los lugareños no políglotas probablemente se quedaron con la idea de que se trataba de la caravana de un circo.

Gran parte de la vida de los portugueses transcurre en salas de espera y consultorios de los médicos. Allí conversan los pacientes sobre las dolencias propias o ajenas utilizando con soltura una terminología (en inglés, *of course*) propia de especialistas, pero que en Portugal forma parte del vocabulario de cualquier ciudadano, aunque no haya completado la instrucción primaria. Cuando en España nadie sabía lo que era un *scanner*, la mitad de la población lusa ya conocía su uso en medicina y durante los periódicos *check up* exigían a los médicos que les aplicasen uno para contárselo a las amistades.

Las cuentas no salen

Portugueses y españoles se diferencian claramente en lo que se refiere a su capacidad para el aprendizaje de lenguas extranjeras, pero coinciden en su desapego hacia las matemáticas. En España oímos no hace mucho una información sobre un incendio en Tenerife. En un informativo de la mañana comunicaban que la superficie ardida era de 120 áreas; a la hora siguiente, una segunda emisora elevaba la cifra a 12 hectáreas y otra radio alarmaba todavía más informando que 1200 hectáreas habían sido consumidas por el fuego. Los portugueses, por su parte, se niegan a realizar la más elemental operación aritmética sin echar mano de la calculadora. Al camarero del bar no se le ocurre sumar de cabeza los precios de una cerveza y un refresco. La vendedora de frutas también multiplica con la máquina para cobrarnos los tres kilos de patatas que hemos comprado. ¿Para qué se inventaron las calculadoras, si no? Los medios de comunicación de ambos países tratan a las matemáticas con absoluto desaliño. Literalmente, «lo mismo da ocho que ochenta», y se leen y escuchan auténticas barbaridades que todo el mundo da por buenas. Así oímos que la radio y la televisión portuguesas reinciden en afirmaciones preocupantes, muy parecidas por otra parte a las que proliferan en los medios españoles. «Mónaco es el segundo país más pequeño del mundo después del Vaticano, pues tiene 208 metros cuadrados», «el precio del litro de gasolina subió hoy a 1 euro y 690 céntimos», «en cada una de las jaulas sumergidas a 30 metros de profundidad se crían 90000 toneladas de corvinas», «en Lisboa se producen 2500 asaltos por hora», «se han tramitado 1380 millones de notificaciones en un año por no pagar el peaje en las antiguas autovías gratuitas», «Madonna trae 2000 toneladas de ropa para su actuación en Coimbra», «por la compra de los submarinos se pagaron

1,2 mil millones de euros en sobornos», o «los portugueses consumieron 20000 toneladas de caballa durante el presente año».

Fútbol, Fátima, Fado.

Se dice que el dictador Oliveira Salazar pretendía resumir la vida portuguesa con tres efes, Fátima, Fútbol y Fado, e inyectaba en vena a su pueblo grandes cantidades de estos narcóticos con el loable propósito de hacerles más llevaderas las penurias provocadas por su desgobierno. Al fado comenzó por desnaturalizarlo y lo privó de su carga subversiva original, desplazándolo de los barrios pobres donde había nacido, y recluyéndolo en salas para consumo de turistas que no paraban de charlar y disparar los flashes como si estuvieran en un bautizo. Por fortuna, este fenómeno artístico conoce hoy una nueva edad de oro en la acogedora sombra de tabernas y restaurantes que lo han vuelto a aproximar a su hábitat original. Los efectos letales de las otras dos efes continúan vigentes. Fátima (es decir, la religión católica) y el fútbol continúan formando una coalición irresistible que ocupa los afanes de muchos portugueses y un tiempo y un espacio abrumadores en los medios de comunicación. No hay más que ver la liturgia que rodea a un partido para percibir hasta qué punto el fútbol establece una relación simbiótica con la religión y se confunde con ella. Lo primero que hacen los jugadores al saltar al campo es besar el césped, mirar al cielo y santiguarse pidiendo la ayuda divina para llevar a buen término la arriesgada misión de maltratar a una pelota; cuando ganan un trofeo, se monta una gran ceremonia para ofrecerlo a la patrona del lugar, y si alguien se resiste a participar en el rito es sancionado, como le ocurrió no hace mucho tiempo a un guardameta alemán del

Real Madrid. Es decir, que las dos efes no sólo se complementan, sino que constituyen una síntesis en la que se aúnan la componente más fanática de la religión y los elementos más alienantes del fútbol. Acaso los puntos culminantes de esta alianza fueron el campeonato europeo de 2004 y el Mundial de 2006. Desde el 25 de abril de 1974, fecha de la llamada revolución de los claveles, Portugal no había conocido una situación de euforia como la de 2004. El país pasaba por un periodo difícil, con pérdida de la autoestima colectiva y un notorio alejamiento de la política por parte de los ciudadanos. Hasta un mes antes del comienzo del campeonato los temas de conversación popular eran la liga futbolística y las andanzas de una red pedófila que todavía colea y en la que se encuentran implicadas conocidas figuras públicas. Otros asuntos como la inflación, el aumento del paro hasta cifras inimaginables hasta entonces, el deterioro de los servicios públicos o el cierre diario de empresas permanecían en un segundo término y el ciudadano medio parecía haberlas aceptado como integrantes del cupo de desgracias fatales que el buen portugués considera inseparables de la vida. Pero llegó el campeonato de Europa. Durante unos días los éxitos del equipo patrio reavivaron el orgullo nacional y consiguieron que se recuperara el sentido de la identidad nacional. *Yes, we can*. Portugal parecía destinada a ganar el trofeo continental, demostrando que los pequeños también tienen su corazoncito. El entrenador Scolari llamaba a rebato apelando al espíritu patriótico adormecido y además, como declarado hincha de Nuestra Señora, colocaba una imagen de la virgen presidiendo el vestuario portugués. En los medios de comunicación se rememoraban las gestas de los navegadores y Camões y Pessoa, iconos de la portugalidad, nunca estuvieron en tantas bocas. Los chinos se forraban fabricando miles de banderas que los nativos colocaban en los automóviles para proclamar que Portugal también existe y que la historia, por una vez, iba a hacerle justicia. A medida que transcurría el torneo y la selección superaba los obstáculos que la separaban de la final, decenas de millares de personas tomaban las calles de aldeas y ciudades, engalanaban balcones y fachadas, se saludaban fraternalmente en todas las esquinas. *Oé, oé, oé*. El sentido de la fiesta se imponía al habitual comedimiento del pueblo portugués y hacía desaparecer por completo del panorama cotidiano las desventuras políticas y económicas en que el país se debatía desde unos años atrás. Por desgracia, las ayudas externas procedentes del más allá no bastaron y se cumplió una vez más la máxima de que la alegría nunca es completa en la casa del pobre: en el último momento, los griegos se llevaron el trofeo y hubo que conformarse con el subcampeonato.

Llegó el mundial de 2006. Al portero Ricardo se le llamaba héroe nacional en la prensa porque, en una gesta sin precedentes, había parado tres lanzamientos desde el punto de penalti, consiguiendo para su equipo la victoria sobre Inglaterra. Después de dedicar el triunfo «a mi familia y a Dios», Ricardo, en una explosión de fe mariana, anunciaba: «Estoy protegido por Nuestra Señora de Fátima». Y añadía: «Dios es portugués», mientras que su mujer mostraba en televisión el altar que la familia había montado en casa con una imagen de Nuestra Señora al lado de los guantes de trabajo del marido. Desde la batalla de Ourique no se había asistido a una intervención divina tan evidente.

Entre tanto arrebato, eran muy pocas las voces sensatas. Por ejemplo la de Eduardo Cintra, que en el diario Público firmaba un artículo titulado «Nossa Senhora do Mundial», y se refería a la complicidad de los medios de comunicación fomentando «esta dimensión social y simbólica del Mundial» en la que la religión católica actúa como «ideología consentida en relación al juego del fútbol» con «la televisión transformada en altar y el café en lugar de culto» y «los periodistas televisivos que informaron en el Mundial renunciando a su independencia no solo ante el aparato de comunicación fascista de la Federación Portuguesa de Fútbol, sino también ante el imperio de las emociones y el patriotismo exacerbado producido por la TV».

2004 y 2006 son los dos momentos de más alto voltaje futbolístico en los últimos años y lograron la participación afectiva de millones de portugueses. Hasta que se produjo la *orgia identitária*, en palabras de Eduardo Lourenço, desencadenada en 2014 con la muerte del futbolista Eusébio. En esos días, con el país soportando unos niveles de pobreza desconocidos desde los tiempos de Salazar, todos los estratos sociales se unen en el llanto por el ídolo desaparecido. Frente al drama de la crisis económica, la lírica y la épica se alían para dar lugar a una catarata de piezas maestras de la literatura necrológica y a un clima de exaltación patriótica que por unos días sirve al pueblo para recuperar la autoestima y comprobar que Portugal resucita, apareciendo por fin en términos positivos en los medios de difusión internacional. Porque Portugal es la cuna del negro pobre y genial que vino de Mozambique y fue acogido y acariñado por la generosa metrópoli en la que ahora todos, pobres y ricos, corruptos y honestos, lamentan la pérdida irreparable. Y las listas de espera en los hospitales, los recortes de las pensiones que ya no alcanzan para comer, el paro y la emigración forzosa, desaparecen de las conversaciones del personal mientras la prensa, la radio y los telediarios se transforman en monográficos ditirambos en recuerdo del héroe.

Pero no solo en los momentos señalados, sino todos los días del año, este pueblo vibra con las hazañas de sus héroes que, de lunes a domingo, demuestran sus habilidades en las pantallas televisivas. La maltrecha hostelería, herida por la crisis y por un sistema impositivo brutal, vive de estas retransmisiones incesantes que aún atraen a los parroquianos al café. A los estadios, salvando los de los tres o cuatro equipos considerados grandes, no va casi nadie, pero misteriosamente, las elecciones para presidentes de los clubes cuentan siempre con un número nutrido de candidatos que se disputan el puesto con tanto ahínco como si optasen a la Casa Blanca. La nómina de pícaros (*chicos-espertos*) que desde las presidencias de los clubes defraudaron al fisco, lavaron dinero o utilizaron a los equipos como tapadera de negocios sucios, es impresionante. Tal como en España, en el fútbol encontraron y encuentran su particular *off shore* prósperos negociantes, especuladores notorios y nuevos ricos de opereta elevados a la categoría de mito por el público y los medios de comunicación. Y es que el fútbol de elite tiene ya poco que ver con el deporte. Una antigua directora de la policía judicial portuguesa, obligada posteriormente a dimitir, afirmó que no había en el país delito económico alguno (fraude fiscal, corrupción judicial, especulación inmobiliaria) que no pasara por las cloacas del balompié. En Portugal hay un proceso llamado *Apito Dourado*, comenzado hace varios años y recientemente archivado, que alcanza a altos cargos federativos, alcaldes, concejales, constructores, árbitros y jugadores, y pone al descubierto la compleja trama de intereses en que se ha transformado el mundo del balón. Sin embargo, el común de los ciudadanos se desinteresa de estos pequeños detalles y entra en trance cada vez que sus ídolos hacen una gracia con la bolita. No importa que ayer se hayan quedado sin trabajo, que la gente se muera en las colas de espera para operarse, o que al abuelito le hayan bajado la pensión: eso son avatares menores que ya se irán resolviendo. Quedan lejos los tiempos en que era de buen tono, sobre todo en los sectores progresistas, declararse al margen del fútbol y no ser seguidor de ningún equipo. Ahora lo que luce es precisamente lo contrario y las gentes de izquierdas y sus asimilados berrean, agitan bufandas y recuerdan a la madre del árbitro con un entusiasmo que antes consideraban propio de las masas iletradas. Los niños nacen con la camisola del club de su padre ya puesta y aprenden a dar un viva a su equipo al mismo tiempo que a decir cómo se llaman. Las batallas entre las claques alcanzan un grado de violencia que asombra por producirse entre personas habitualmente tranquilas. En medio de cualquier debate, es habitual que un político se declare benfiquista o portista sin venir a cuento, como si esa fuera su marca genética e ideológica más importante. Cada vez que consigue un campeonato de liga, el presidente del Benfica invita a los diputados seguidores del club a una cena de celebración. A la de 2014 acudieron 80 diputados de todo el espectro político que confraternizaron unidos, como dijo uno de los asistentes: «Por esta mística común que está por encima de todas las diferencias». Fue también en 2014 cuando una insólita conjunción de astros dio lugar al acontecimiento que había de provocar el mayor movimiento de masas procedentes de España hacia el pequeño vecino del Oeste. 120.000 españoles se desplazaron para asistir a la final de la Champions entre el Real Madrid y el Atlético. Pocos podían imaginar al comienzo de la competición que dos equipos de la misma ciudad y del mismo país serían los protagonistas del último encuentro. El hecho de celebrarse la final en Lisboa, ciudad relativamente próxima a Madrid, añadido a la circunstancia de contar ambos clubes con jugadores portugueses, aumentó el interés por viajar al país vecino, aun sabiendo que más de la mitad de los desplazados se verían obligados a ver el partido fuera del estadio a través de la televisión. Casi diez mil policías (*spotters* les llamaban en la prensa) velaron por la seguridad y controlaron muy de cerca a aquellas hordas de distinta camiseta. Entre ellos había grupos de especialistas en la desactivación de explosivos y un número indefinido de colegas españoles desplazados al efecto. En Portugal no falta nunca la nota novedosa, que en este caso era aportada por el uso de algunos *drones* escudriñando desde el aire los movimientos de la muchedumbre. Los días anteriores al 24 de mayo las entradas en la reventa superaron los mil euros y en Internet se ofrecieron camas a ese mismo precio por dormir una noche. Lisboa habló castellano por unos días, la cerveza se agotó en bares y chiringuitos y los portugueses, como siempre que la imagen del país está en juego, intentaron olvidar el paro, los desahucios y la cola en los bancos de alimentos, poniendo todas sus energías al servicio del evento que la fortuna les había deparado. Las penas con Ronaldo son menos.

La promiscuidad entre fútbol y religión, con la presencia agobiante de esta última en acontecimientos que deberían serle ajenos, produce continuas anécdotas: el entrenador del Oporto agradece el título de Liga con una marcha a pie de 200 kilómetros hasta Fátima; una judoca que no obtuvo título en la última Olimpiada manifiesta que «hará luto» por la derrota; el alcalde socialista de Porto de Mos encabeza una peregrinación para dar gracias a la virgen por haber sido elegido... Cualquiera que viaje a Portugal en el mes de mayo se encontrará con las filas de peregrinos que desde todos los puntos del país se dirigen a Fátima. Las colas ocupan kilómetros de carreteras y no siempre mantienen la disciplina vial requerida, por lo que cada año mueren varios peregrinos antes de cumplir su promesa. Al aproximarnos a Fátima, algunos consideran que la marcha no ha sido suficientemente dura para agradecer los dones recibidos y deciden hacer los últimos tramos de rodillas, escenas siempre recogidas con generosidad en los informativos de la TV. La iglesia católica gestiona el negocio generado por esta multitud entregada que en 2012 adquirió y quemó en tres días 19 toneladas de velas, cuya cera (inagotable, como la fe de los oferentes) se transforma en nuevas velas que son revendidas una y otra vez en un alarde de ingenioso reciclaje lucrativo. Alguna vez a la iglesia se le va la mano y es llamada al orden, como ocurrió ese mismo año, cuando el ayuntamiento de Ourém, al que Fátima está adscrita, exigió la demolición de alojamientos subterráneos construidos ilegalmente por la autoridad eclesiástica para ser alquilados a los peregrinos durante las anuales invasiones de mayo.

La tendencia eclesial a intervenir en todo tipo de asuntos la lleva a presionar al poder político para tomar medidas extravagantes que nos retrotraen al medievo y que, con el tiempo, se revelan como errores que perjudican a la propia institución. Recordemos, a este respecto, la censura ejercida sobre la obra de Saramago *El Evangelio según Jesucristo,* que motivó el traslado de residencia del escritor a España. Pues bien, muchos años después del lamentable episodio, en 2009, y a raíz de la publicación de su novela *Caín,* la iglesia desencadena de nuevo una campaña extremadamente agresiva contra el Nobel portugués, tildándole, entre otros piropos, de blasfemo e ignorante por sus opiniones sobre la Biblia, definida por el escritor como «un manual de malas costumbres». En radio y televisión se montan programas y reportajes en los que intervienen ilustres representantes eclesiásticos al lado de próceres que ya creíamos fuera de circulación y ciudadanos de a pie. A estos últimos se les aborda en el momento de hacer las compras o al llevar al niño al colegio y se les pregunta por el tema del día, sin importar mucho si han leído o no el libro en cuestión. De hecho, llega un momento en que el libro es ya lo de menos, lo que importa es el ruido que hay a su alrededor. Hasta Sousa Lara, el insignificante censor que en su día había vetado *El Evangelio según Jesucristo*, reaparece y afirma que si tuviera ocasión volvería a actuar de la misma manera, proponiendo que Saramago sea privado de la nacionalidad portuguesa. Únicamente la omnipresencia de la religión en la vida civil puede explicar tales desmesuras en un país habitualmente discreto y poco dado a aspavientos innecesarios. Los políticos contribuyen con entusiasmo a esta confusión, haciendo alarde de sus convicciones religiosas a la menor oportunidad. El comentarista político más influyente del país y antiguo líder del PSD, Marcelo Rebelo de Sousa, al ser interrogado en su programa televisivo semanal sobre el posible sucesor de Benedicto XVI, se abstiene de opinar, porque «ese es un asunto de la exclusiva incumbencia del Espíritu Santo». El presidente de la República, Cavaco Silva, después de la séptima evaluación realizada en mayo de 2013 por los enviados de la Unión Europea, dice que el examen se superó «con la ayuda de la virgen de Fátima», y pocos días después pide la colaboración de san Jorge en el combate que el país mantiene contra las dificultades económicas. En la misma época la ministra de Agricultura, acosada por los campesinos que reclaman ayudas para paliar las pérdidas ocasionadas por la sequía, recomienda orar, encomendarse a Nuestra Señora y esperar confiadamente el regreso de las lluvias.

Al contrario que en España, el sector progresista del clero portugués no tuvo una presencia muy activa en la lucha contra la dictadura y fueron contados los curas y obispos que se rebelaron contra el poder civil. El cardenal Cereijeira, patriarca de Lisboa e íntimo de Salazar, ejerció un poder omnímodo desde 1929 hasta 1971; es decir, durante casi todo el periodo del Estado Novo, de manera parecida a su homólogo Plá i Deniel en España. Ya en la última fase del salazarismo hubo algunos sacerdotes que realizaron una labor encomiable en los sectores obreros o denunciando abiertamente la sangría de la guerra colonial. El más popular, Alberto Neto, sería asesinado en Setúbal en 1987 sin que el autor fuera jamás identificado. Hoy, la jerarquía eclesiástica cuenta con miembros de indudable talla intelectual, como el ex cardenal patriarca Policarpo y algún obispo con sensibilidad social por encima de la media, que a menudo se posicionan junto a los más desfavorecidos ante los frecuentes abusos en el ámbito laboral. Sin embargo, la mayoría de sacerdotes opta por una actitud muy conservadora que en las zonas rurales influye grandemente en las opciones políticas de los feligreses y explica en parte las repetidas victorias electorales de la derecha. En tiempo de votaciones, hemos asistido a homilías que son auténticos mítines en los que el oficiante pide explícitamente el voto para determinados partidos, sin que nadie cuestione tal manipulación. Es uno más de los contrastes entre el Portugal profundo y envejecido del interior, donde «el señor padre» (el cura) se alía con los caciques locales que gobiernan los municipios formando una alianza difícil de contrarrestar, pese a los esfuerzos de los sectores más evolucionados de la población.

Fútbol, Fátima, Fado. Rizando el rizo, Salazar podría haber redondeado añadiendo una cuarta F, la de Familia, institución que en su significado tradicional vive hoy un franco declive, pero que en los dos primeros tercios del pasado siglo funcionó como uno de los ejes vertebradores de la sociedad lusa. Todavía hoy, en el mundo rural y en menor medida en las ciudades, la pertenencia al clan familiar condiciona los comportamientos en diversos sentidos y, de acuerdo con la escala de valores de los padres, donde tiene un lugar importante la consideración hacia los mayores, los hijos siguen un conjunto de hábitos y normas fundamentales para el gobierno de la casa. En ese padrón, la autoridad del padre se sitúa como valor supremo en el vértice de la pirámide familiar y, a partir de allí, desarrolla su acción sobre el resto del clan. Históricamente, el modelo jerárquico, conservador y patriarcal puesto en práctica por el progenitor y la madre, era asimilado por los hijos, que una vez pasada las crisis de rebeldía propias de la adolescencia y la primera juventud, lo adoptaban para las nuevas familias por ellos creadas. Un modelo grato al poder, que lo veía como un garante del orden establecido e incentivaba de diversas maneras la natalidad numerosa, pues en la mística del sistema, la prole numerosa era presentada como sinónimo de felicidad para el hogar cristiano de la época, aquella casa portuguesa de puertas abiertas y pan y vino sobre la mesa cantada en el famoso fado. Así lo consideraba también Franco, en cuyos discursos, desde la primera hora de su victoria militar, la palabra «familia» es acaso la más repetida. Decenios más tarde, cuando el paradigma de la familia patriarcal parecía definitivamente superado, la catástrofe económica actual fuerza a reagrupamientos familiares no deseados, con hijos talludos viviendo de nuevo con sus padres y niños amontonados en literas por todos los rincones de la casa de los abuelos. Se produce así una cierta resurrección del viejo modelo.

III. MANUAL DE URBANIDAD

Tacos y blasfemias

El portugués trata a su lengua con respeto, con mimo infinito, le fabrica un envoltorio que revaloriza su contenido, la trufa de diminutivos, la amplifica, le da a lo que dice una enjundia de la que a menudo carece. País de *brandos costumes*, como se define a Portugal, sus habitantes recurren a variados recursos para engrasar la convivencia diaria y evitar las situaciones conflictivas que tanto agradan a los españoles, mucho más proclives a la bronca y al desacato. Así, la tendencia española a transitar por los terrenos del expresionismo, que produce un abundante catálogo de interjecciones, insultos y juramentos, no tiene parangón entre los portugueses, mucho más recatados a la hora de manifestar verbalmente sus emociones. Donde un español dice, por ejemplo, «estoy desesperado» (o «bien jodido»), un portugués se limitará a constatar que *a minha situação é um bocadinho* (algo) *complicada*, y esta actitud de resignación ante la fatalidad le evitará el trabajo de tener que echar mano del diccionario de improperios contra todo lo que se mueve, que los hispanos manejan con tanta soltura en situaciones análogas.

El deseo de eliminar verbalmente las aristas que perturban la convivencia, unido a la pasión lusitana por la conversación, servirían para explicar fenómenos a los que nos referiremos a continuación, tales como el uso peculiar del taco, el culto a las buenas maneras o el regodeo en la perífrasis.

Los tacos y las interjecciones existen, como en todos lados, pero su uso se restringe a los momentos en que el hablante pierde el control emocional. Cuando un portugués se encabrita y su enfado va de menos a más, comienza por echar mano del catálogo de interjecciones livianas (*poça!, fogo!, chiça!*) y, a continuación, añade el inevitable *fooodasss*... que se dice así, arrastrando la *o* y la *s*, casi siempre por lo bajo y entre dientes, transportando en sus fonemas una dosis concentrada de cólera que sale lenta y sibilante para aumentar su duración y eficacia. Nadie en España emitiría el equivalente castellano (¡joder!) de ese modo; cuando los castellano hablantes decimos *¡joder!*, lo hacemos entre exclamaciones, con una rápida emisión de voz, como si se tratase de un impacto, con toda la potencia de una interjección violenta. *Fodas* es un taco audible en todo el territorio portugués, incluidas Madeira, Azores y ex colonias, mientras que en el uso del resto se observan ciertas limitaciones geográficas que conviene conocer. De Coimbra para arriba se extienden los dominios del *caralho* (carajo) y su sucedáneo *carago*, junto con el clásico *filho da puta*. En el sur (Alentejo, sobre todo) el *caralho* está proscrito y predomina una extensa variedad de expresiones relacionadas con la paternidad; las más habituales son *filho dum corno, filho dum cabrão*, etc. Por lo general, puede decirse que el recurso al taco se restringe a círculos donde hay relación de gran confianza y entre individuos del sexo masculino. Un *fodas* en labios de mujer es cosa rara, y sitúa a la eventual emisora en el grupo de las personas «ordinarias», uno de los adjetivos con mayor carga despectiva en la lengua portuguesa. El culto excesivo a las buenas maneras y al lenguaje pulido da lugar a un predominio de la forma sobre el fondo, que algunos utilizan interesadamente para ocultar los problemas reales. Recientemente, en la Asamblea de la República, durante una discusión decisiva sobre el estado ruinoso del país, un diputado se dirigió al ministro de Economía con estas palabras: *Não diga mais asneiras* (burradas), *porra*!. El escándalo fue monumental y se prolongó varios días en los medios de comunicación que, olvidando el fondo del asunto que había dado lugar al desahogo del diputado, concentraban sus comentarios en la condena del uso en sede parlamentaria de expresiones propias del argot popular.

Todavía más raro resulta oír una blasfemia. La tendencia española a defecar indiscriminadamente sobre el santoral tiene escasos seguidores en el occidente peninsular. Los portugueses recurren poco a esta práctica, y es una pena, porque estamos seguros de que poniendo en juego su creatividad podrían elaborar imprecaciones memorables o eufemismos mucho más interesantes que los mostrencos «¡Me cago en Ros!» u «¡Ostras!», emitidos por sus vecinos españoles.

Las buenas maneras

El cuidado en evitar las aristas se extiende a todos los aspectos de la vida, por eso se prefieren las formas lingüísticas suaves y redondeadas. Se llega así al abuso de las fórmulas de cortesía, una inclinación que viene favorecida por el desinterés de los portugueses por el tiempo cronológico. En esto recuerdan a los árabes, que pasan unos buenos minutos en saludos ceremoniosos antes de iniciar cualquier conversación y, por importante que sea la materia a tratar, incluyen en sus cumplidos iniciales un repaso a la salud y correrías de todos los familiares, que pueden ser varias decenas. Sin llegar a estos extremos, los portugueses cumplen escrupulosamente el ritual del saludo cada vez que se encuentran con algún conocido, con dos acciones ineludibles: estrechar la mano -besar, en el caso de mujeres- y preguntar por el estado de la salud con una fórmula del tipo, *Está bom/boa*? (Ojo con el *estar boa,* que se refiere exclusivamente al estado de salud de la interpelada, y no al mayor o menor atractivo físico). Como el saludo individual es tenido por más cortés que el colectivo, se impone dar la mano a todos los semejantes de los alrededores y eso exige una apreciable memoria visual para no repetir el gesto con las mismas personas si te las encuentras más de una vez a lo largo del día, lo que sería objeto de chanza. Una parte considerable de la jornada se nos va en apretones de manos y besuqueos, porque estos rituales se deben realizar con la debida calma. Quien entra en un café no debe cumplimentar de modo general a la concurrencia, sino desplazarse entre las mesas e ir dando la mano uno por uno a los parroquianos, al tiempo que se interesa por su salud; si alguno de los presentes ya hubiera sido cumplimentado durante ese día, el recién llegado le esquivará en su trayecto; acabado el ritual, será el momento de dirigirse a la barra y pedir su cerveza con la tranquilidad del deber cumplido. Conviene respetar la pulsión por dar la mano incluso en las condiciones más adversas. Mecánicos de manos engrasadas o fontaneros chorreando detritus de las letrinas no renuncian al ritual y, delicadamente, ofrecen la muñeca para no pringar a quien espera el gesto amigo; hasta los policías de servicio dan la mano a los acusados, especialmente si se trata de chorizos notables, cuando entran al tribunal para ser juzgados, algo nunca visto en otras latitudes.

La asistencia a determinados actos públicos requiere también de algunas precauciones. Se aconseja, por ejemplo, seguir la propensión a expresar entusiasmo poniéndose en pie en los momentos álgidos del evento; es poco respetuoso aplaudir sentado, y esto vale tanto para un concierto como para un recital o un mitin político. Hasta las personas con graves dificultades físicas se levantan penosamente y manifiestan su entusiasmo batiendo palmas en posición erecta. Lo contrario puede ser interpretado como una actitud despectiva o, peor aún, como una incapacidad para disfrutar la excelencia del momento que estamos compartiendo.

Un portugués educado, independientemente de su edad, jamás debe perder las formas, aunque el intento de aparecer como un individuo correcto obligue a actitudes que no siempre producen el efecto que se pretende. No hay más que ver los juegos de manos que un comensal efectúa con el fin de ocultar el mondadientes mientras se escarba la dentadura para liberarse de los residuos después de una comida. Obsesionado por hacer invisible el palillo, procede a ocultarlo con ambas manos durante la operación, y lo hace con tal empeño y acompañado de tal cantidad de visajes, que es imposible que sus maniobras no llamen la atención. Nunca olvidemos que la cortesía y las normas de urbanidad de los viejos manuales se mantienen vigentes en Portugal, contribuyendo a hacer más llevaderos los problemas cotidianos derivados de la vida en sociedad.

Algunos aspectos de la relación entre las personas -como la restricción del tuteo- contrastan fuertemente con los hábitos de otros países latinos. En España, sobre todo a partir de la transición política, el tuteo se ha generalizado de tal modo que en ocasiones llega a incomodar. Cuesta entender por qué el fontanero que viene a arreglarte la cisterna y al que uno ha tratado de usted desde que entró por la puerta, insiste en tutearte o llamarte continuamente «tío», como si fueras su hermano de leche o un colega de juergas nocturnas. O el argot de *coleguis* que utiliza el operador telefónico para informarte de las nuevas tarifas. Por el contrario, en Portugal la práctica del tuteo, tan generalizada en latitudes próximas, nunca ha tenido muchos adeptos. Personas que mantienen una relación de amistad hace treinta años siguen tratándose de usted (você), y la lengua oral y escrita está bien surtida de expresiones destinadas a mantener una cierta distancia que debe ser interpretada como muestra de respeto, no como displicencia o falta de afecto. En el periodo inmediatamente posterior al 25 de abril de 1974 los comportamientos se modificaron como consecuencia del entusiasmo colectivo derivado de la democratización del país y de la exaltación de valores como la fraternidad y el igualitarismo. De las tarjetas de visita que todo el mundo lleva encima, desaparecieron los títulos académicos y la gente empezó a tratarse por el nombre de pila, pero la cosa no duró mucho y hoy en día la plaga de improbables *doutores, advogados* y *engenheiros* asola de nuevo un país en el que no eres nadie si no exhibes un *canudo* (título). Tan es así que, en 2013, un ministro de Economía del gobierno de Passos Coelho, influido por los hábitos anglosajones adquiridos durante su trabajo anterior en Canadá, tuvo la idea de pedir al personal de su ministerio que le apearan del tratamiento y le llamaran simplemente «Álvaro». Al día siguiente, en la prensa y en televisión llovieron las críticas y los comentarios jocosos, en los que se presentaba al recién llegado como un excéntrico desconocedor de la idiosincrasia del país e incapaz de ejercer la autoridad inherente a su cargo.

Perífrasis y circunloquios

Es el deseo de suavizar una realidad a menudo ingrata y la escasa valoración de los horarios lo que explica también el continuado recurso a la perífrasis por parte de los portugueses, convencidos de que no hay motivo para reducir a diez palabras lo que se puede explicar con doscientas. Entre la línea recta y el meandro, el portugués elige decididamente lo segundo, disfruta con el rodeo, con la exposición prolija de los pormenores, e ignora por completo al reloj, ese artefacto inútil creado para privarle del placer de la charla.

Lo positivo de la afición a la perífrasis es que da lugar a notables construcciones verbales. Si usted pide ayuda para encontrar una calle, lo más probable es que en vez de responderle, «es la cuarta a la derecha», le amplíen la información así: «No es la primera, ni la segunda, ni la tercera; es la cuarta calle a la derecha. Lo sé porque allí vivió varios años una hermana mía, hasta que se divorció de su marido, que la abandonó para irse a vivir a Guinea Bissau con la hija de un ministro de aquel país y ella tuvo que cambiarse a un piso más pequeño en Amadora». En general, se considera poco amable contestar simplemente «sí» o «no» a una pregunta, y cuando no se conoce la respuesta, se prefiere usar fórmulas como: «Esa información tampoco (¿?) se la puedo proporcionar en este momento». Oímos en unos grandes almacenes a un cliente que estaba tratando de realizar un crédito para hacer unas compras. El responsable del establecimiento le preguntaba sobre su trabajo y el cliente le dio esta respuesta, que transcribo tal cual: «Eventualmente, y por un periodo probablemente corto, no estoy adscrito a ninguna entidad patronal». ¿Cabe mayor elegancia para hacer una perfecta descripción de su condición de parado optimista? Más ejemplos: entrevistado en la televisión, el concejal de protección civil de Lisboa evita cuidadosamente la palabra «muerto» cuando afirma que «el año pasado fueron halladas 200 personas en estado cadavérico en sus domicilios», elaborando así un perfecto ejemplo de literatura definicional digna del propio Raymond Queneau; ante una riña acaecida en el patio de una escuela, el policía de servicio explica, también en la tele, que «un caos emocional se ha instalado en la comunidad educativa desde que tuvo lugar aquel hecho». El intento de evitar las alusiones a la muerte explica que en la lengua portuguesa no exista la expresión estar en peligro de muerte, sino *em perigo de vida*, que es mucho más creativo. Cuando un herido en accidente fallece a consecuencia de las lesiones se dice que *não resistiu às feridas;* los pronósticos médicos no indican que el estado del enfermo es muy grave, sino *muito reservado;* si un chico aparece muerto violentamente en una calle, la policía informa literalmente de que *as lessões não apresentam feridas compatíveis com balas* (las lesiones no presentan heridas compatibles con balas); quienes padecen un cáncer son siempre *doentes* (enfermos) *oncológicos;* alguien muere y se dice que ya está *na terra da verdade* (en la tierra de la verdad).

Se constata también una preferencia por el estilo directo, con uso continuo de pausas equivalentes a los dos puntos del lenguaje escrito. «Lo que tengo que decirte es lo siguiente: ... «Y entonces ella me dijo así: ...», etc., etc. Hablar es una pasión que solo se manifiesta con parecida intensidad en algunos pueblos latinoamericanos. Los portugueses, como decimos en otro lugar, son los argentinos de Europa. Dar *dois dedinhos de conversa*, una *palavrinha* o, simplemente *dizer alguma coisa* adquiere un valor moral similar a las obras de misericordia, son actos de civilización considerados imprescindibles para una convivencia positiva. Quien no se para a conversar con un vecino, además de un maleducado, pasa por ser un individuo poco de fiar. Abolidos las prisas y el reloj, es natural este aprecio por la demora en la charla y también parece lógico que la puntualidad no goce de gran aprecio social.

La lengua oral abunda en fórmulas cuya única función consiste en prolongar el discurso o llevar a cabo una introducción innecesaria a lo que se quiere decir:

Ella.– *¿No deberíamos levantarnos?*

Él.– *¿Por qué?*

Ella.– *Porque dentro de poco tiempo ya hará mucho tiempo que estamos en la cama.*

Perífrasis y eufemismo son dos elementos que se interrelacionan hasta confundirse y que encuentran un campo abonado en el territorio de la política. Son de admirar las vueltas y revueltas, las inacabables incursiones verbales hasta los vecinos cerros de Úbeda, los perifollos retóricos, los periodos interminables, aunque bien construidos, con que concejales, directores generales o ministros (sobre todo ministros), nos obsequian a diario. En un país donde el continente es más estimado que el contenido, las formas más que el fondo y las apariencias más que la realidad, muchos políticos lo tienen facilísimo para disfrazar la vaciedad de su mensaje con un envoltorio a base de lugares comunes y fórmulas incomprensibles con los que, en vez de comunicar y explicarse, tratan de aturdir al personal. De ese modo evitan también responder directamente a las preguntas que les dirigen y, mediante el uso de interminables exordios, dan tiempo a que suenen las trompetas de Josafat antes de contestar a cualquier asunto que les produzca embarazo. Las entrevistas de los profesionales de la información ofrecen ejemplos palmarios que demuestran la justeza de la máxima de Orwell al sostener que la mayoría de las corrupciones sociales comienzan por el lenguaje. Los periodistas deberían ser implacables en no tolerar burlas en este sentido y cortar de raíz las respuestas y circunloquios que no tienen nada que ver con las preguntas formuladas, porque demasiadas veces ocurre que a una pregunta del tipo, «¿cuáles son las medidas concretas que tiene usted previstas para acabar con el paro juvenil tal como prometió en la campaña electoral?», se responde con un inacabable discurso que viene a decir que el Llobregat pasa por Barcelona. Es duro.

El uso perverso del lenguaje con la intención de despistar al interlocutor en vez de informarle es un recurso habitual de la fauna política en diversas latitudes, no solo en Portugal. Lo que resulta una peculiaridad lusitana es la abusiva utilización de la perífrasis en el deporte. En las interminables retransmisiones futbolísticas por radio y televisión ocupan un lugar central las entrevistas a los entrenadores de los equipos, que a veces duran tanto como el propio encuentro. Tan importante como ganar es explicar el cómo y el porqué de la victoria, y el entrenador se explaya en una lección magistral que navega por los territorios de la psicología, la sociología y hasta de la física cuántica, para demostrar que fue la táctica empleada, unida al esfuerzo de sus jugadores, lo que condujo al éxito alcanzado. También el vencido aprovecha la oportunidad y, tras las inevitables alusiones al árbitro, emplea más de media hora en desarrollar su teoría de la derrota honrosa que, en este caso, se produjo por el mal estado del terreno, el bajón anímico tras el primer gol recibido y las dificultades del viaje anterior al partido. Después, sin muestra de fatiga, termina con la enigmática afirmación que tanto gusta a los profesionales de este deporte: «El fútbol es así». ¿Cómo extrañarse en estas condiciones de los sucesivos fracasos de los entrenadores españoles en Portugal, si son incapaces de hablar durante más de cinco minutos seguidos en las ruedas de prensa? Las intervenciones de Camacho, el entrenador español que trabajó en el Benfica, son todavía objeto de pitorreo entre los portugueses; a pesar de que el hombre hacía un gran esfuerzo, nunca conseguía extenderse más de unos breves minutos y su aire eternamente enfadado, la cacofonía de su discurso y su empeño en utilizar algunas palabras que solo él consideraba pertenecientes a la lengua portuguesa, empeoraban aún más las cosas. Al final de las instantáneas interviús, los periodistas se quedaban frustrados y sin saber cómo rellenar el tiempo después de las «espantás» del entrenador, pues este, una vez terminado su parco repertorio de respuestas, abandonaba de súbito el lugar, dejándoles con la palabra en la boca.

¿Educación o formulismo? (¡Ay, el reloj!).

En España, los más viejos de la tribu se quejan de que los jóvenes han perdido las buenas maneras. Antes, hasta los niños mantenían un respetuoso silencio en presencia de los mayores, y cuando les preguntaban su nombre respondían educadamente: «Ricardito, señora». Ahora las cosas han cambiado mucho. En primer lugar, ningún niño se llama Ricardito, y en segundo, si te interesas por la identidad del infante, lo más fácil es que te conteste: «¿Es que sois todos gilipollas o qué? Hoy es la cuarta vez que me preguntan lo mismo», porque el angelito no se corta un pelo y dice lo que le viene a la cabeza. De los adolescentes, mejor no hablar: cuando un adulto se dirige a ellos se limitan a emitir extraños gruñidos y pasan casi todo el tiempo en su cuarto, postrados en un sofá o comunicándose con los colegas a través del ordenador; si casualmente te los tropiezas en el pasillo es porque van a la cocina, siempre con el móvil en la mano, para saquear el frigorífico. Luego regresan al cubil y desaparecen durante otra temporada.

¿Qué ocurre entre tanto en Portugal? Venimos sosteniendo que hay un deseo generalizado de evitar los conflictos o de que, si estos existen, no resulten visibles. De ahí resulta el cuidado en la elección de las palabras, la sobreabundancia de fórmulas de cortesía, la predilección por la perífrasis y el circunloquio para evitar el momento de llegar a un posible punto de fricción. De modo que el Ricardito niño portugués optaría por disimular el cabreo y contestaría al enésimo interrogador diciéndole su nombre, sin irritarse lo más mínimo. En lo que se refiere al sofá y al ordenador, el Ricardito luso, ya adolescente, mantendrá un comportamiento análogo al de su colega hispano, pero elaborará una estrategia para imposibilitar el engorroso encuentro con los progenitores en el pasillo. Resumiendo: en España, tanto el niño Ricardito como el adolescente Ricardito escogen directamente el cuerpo a cuerpo con sus viejos. En el caso portugués, preferirá escurrir el bulto, porque el paradigma imperante es el de mantener las formas a toda costa. Son las formas, las buenas maneras que, sin duda, facilitan la convivencia, pero que no hay que confundir con la buena educación. Y este es el meollo del asunto, porque las buenas maneras que liman las aristas e impiden el choque frontal, son a menudo una manifestación de la hipocresía o un automatismo vacío de contenido, y eso tampoco está bien. Todos conocemos a personas que estrechan manos sin parar, te abrazan sin ton ni son, ceden el paso en el portal o sonríen a cada momento como si fueran eternos candidatos al «premio Naranja». Desconfiemos. Muchos de ésos, cuando creen que nadie los ve, se saltan el turno en las colas, llegan tarde a las citas, arrojan basura por la ventanilla del coche o hacen caso omiso a los pasos de cebra. Es decir, que a pesar de usar y abusar de lo que entendemos por buenas maneras, carecen de educación y se comportan como mamones irresponsables en asuntos importantes para la vida en comunidad. Tales personas, sin embargo, gozan de la estima del vecindario y son puestas como ejemplos para los más jóvenes. Las buenas maneras de los portugueses son fluidificantes de la relación cotidiana, y se agradecen, pero la situación ideal sería aquella en que confluyesen educación y buenas maneras. Los españoles tienden a olvidarse de ambas; los portugueses, al menos, enfatizan la corrección en el trato.

Hay situaciones de la vida cotidiana en que portugueses y españoles hacen un uso muy parecido de las buenas maneras, aunque si nos fijamos bien, hemos de reconocer que los portugueses le echan al asunto una dramaturgia mucho más depurada. En todas partes las buenas maneras de la vida cotidiana a veces no pasan de formulismos vacíos. El saludo a los vecinos, por ejemplo, es completamente inútil. Usted entra en el ascensor por la mañana y allí está el del quinto izquierda, con el cual, a pesar de verle todos los días desde hace diez años, jamás ha intercambiado más palabras que los reglamentarios saludos de cortesía. Una mañana más, usted lamenta interiormente no poder bajar solo los cuatro pisos que le separan de la calle, y dice:

—Buenos días.

Él repite como un eco «buenos días», y acto seguido ambos se enfrascan en la contemplación hipnótica de las puntas de los propios zapatos o de la puerta del habitáculo, que tarda una eternidad en completar su recorrido. Cuando eso ocurre, ambos salen de estampida y mascullan aliviados:

—Hasta luego.

Pues bien, le propongo compartir un experimento que realizo con alguna frecuencia. La próxima vez, en vez de decir «buenos días», diga, por ejemplo:

—*Añaguardárigas supranalga.*

Verá que el vecino contesta impertérrito:

—Buenos días.

El vecino no le ha oído, se ha limitado a activar el contestador automático.

Otro caso es el de las entrevistas en radio o televisión. La última frase que dice casi siempre el entrevistado es: «Gracias a vosotros». (En Portugal: *Eu é que agradeço* u *Obrigado eu*). Ocurre que el entrevistador no le ha dado las gracias por nada, sino que ha terminado la conversación diciendo, por ejemplo: «Seguiremos atentos el asunto y esperamos conversar de nuevo con usted próximamente». Pero eso es lo de menos, pues lo que oye el entrevistado es que le agradecen su participación, así que contesta, «gracias a vosotros», aunque no venga a cuento.

Unas palabras sobre la falta de puntualidad, defecto compartido fraternalmente por los pobladores ibéricos y que debería ser tenido por una grave falta de educación.

Llegar tarde a una reunión o a un encuentro de cualquier índole constituye una desconsideración y una falta de respeto imperdonables, sin embargo goza de gran tolerancia a uno y otro lado de la frontera y si la persona que se retrasa es alguien habitualmente muy ocupado, le da incluso cierto prestigio. No se le llama maleducado a quien nos ha hecho esperar durante media hora, pero si usted se despista y no da las buenas tardes al vecino, quedará de inmediato fichado como un grosero, y cuando sufra una avería o una inundación nadie le echará una mano, por borde. O sea, estamos ante una lamentable confusión entre educación y buenas maneras.

Los portugueses mantienen una excelente relación con el tiempo (no pueden llevarse mal con lo que para ellos no existe) y pésima con el reloj. Al tiempo le sacan un gran partido porque, al no estar en absoluto preocupados por su fugacidad, lo aprovechan al máximo y viven en un limbo de morosidad donde nunca es tarde si la dicha es buena. *No stress,* que diría un brasileño. Hagámoslo todo despacio, con buena letra y, si no es posible hacerlo ahora, apliquemos el *principio de aplazamiento,* potentísimo ralentizador que extiende su acción a múltiples aspectos de la vida portuguesa y permite que casi nada esté sometido a la oprobiosa tiranía de horarios y almanaques. La tendencia al aplazamiento (déjalo todo para mañana, aunque puedas hacerlo hoy) origina, como ocurría con la perífrasis, ingeniosas fórmulas lingüísticas. Por ejemplo, el *Volto já* (en seguida vuelvo) cartelito que, colocado en las puertas de establecimientos de la más variada índole, viene a significar que el local se encuentra cerrado durante un periodo que puede oscilar entre cinco minutos y una semana. Ese inquietante *já,* cuyo momento de comienzo desconocemos, sirve a quien colocó el aviso para prolongar su ausencia el tiempo que estime conveniente, probando una vez más que en estas latitudes el tiempo es una magnitud tan flexible como la goma de mascar.

¿Por qué tener prisa? Importantes decisiones de la esfera oficial pasan también por una larga hibernación antes de ser ejecutadas. El acuerdo ortográfico destinado a unificar la lengua escrita de los países luso hablantes y reducir el costo de producción y traducción de textos, fue firmado en 1990 por siete naciones de la CPLP (Comunidad de Países de Lengua Portuguesa). A pesar del acuerdo, los sectores público y privado no comenzaron a adoptarlo hasta 2008 y, aun así, el gobierno brasileño aplazó tres años más su aplicación integral. Pasado el plazo, en 2013, Brasil y Portugal resolvieron esperar a 2016 para su implementación definitiva.

De la titánica lucha contra el tiempo y los plazos forman parte las estrategias para evitar la concreción en todo lo que se refiere a horarios. Si pide una información cualquiera por teléfono lo más probable es que le pidan que espere *Só um bocadinho* (un momentito). En lo que se refiere a elasticidad, entre el *bocadinho* y el *volto já* no hay grandes diferencias; si acaso, en el teléfono amenizarán su espera con las Cuatro estaciones de Vivaldi, seguirán con el repertorio completo de Toni Carreira y, si hay suerte, con algo de Rui Veloso. Nada que extrañe a los españoles, pero multiplicado por diez. En los carteles anunciadores de espectáculos veremos que se indica la hora de comienzo anteponiéndole la partícula *pelas,* combinación de *por* y *las*, que significa *sobre, alrededor de*. Mucho cuidado: si delante de la hora de comienzo de un evento señalado para las ocho se ha colocado la palabra *pelas*, puede empezar realmente a las ocho y media, a las nueve o vaya usted a saber. Y cuando se acude a una cita con un portugués acuérdense de concretar con exactitud la hora. No es aconsejable quedar en el Rossio *á tardinha* (cerca del anochecer) o *por volta das sete* (sobre las siete), salvo que no apetezca encontrarse con la persona en cuestión.

El único aspecto en que los horarios se llevan a rajatabla son las comidas. El país se paraliza a las 13 horas para el almuerzo y a las 20 horas para la cena. Son los mejores momentos para circular, porque el tráfico se habrá reducido en un 90%, pero aumentan las dificultades para ser atendido en cualquier asunto, porque alimentarse a su hora es un asunto prioritario para los nativos. Si queremos comer el plato del día en un restaurante, es probable que este se agote a las 13.30, así que no hay que despistarse. La actividad general se reduce al mínimo y los dos telediarios de las cadenas más vistas se adaptan también a este horario comenzando su emisión puntualmente cuando la ciudadanía coge el tenedor para atacar el condumio, es decir, a las 13 y a las 20 horas. No se sabe muy bien la razón, pero los restaurantes mantienen el volumen tan bajo que es imposible conocer el contenido de las noticias sin recurrir a la lectura labial. Parece que los comensales portugueses consideran suficiente la lectura de subtítulos y van siguiendo el telediario dando prioridad a la conversación, en el caso de ir acompañados, o mirando de reojo al móvil, que colocan al lado de la ensalada. Los fines de semana hay mayor flexibilidad en el horario de las comidas, pero sin llegar nunca a los extremos de los españoles, que pueden acabar el almuerzo a las cinco de la tarde o, si se trata de la cena, con el cantar del gallo. Al cruzar la frontera hacia España es cuando más se echa de menos el tono bajo de las conversaciones, en contraste con los berridos de los televisores a toda pastilla que, a partir de las once de la mañana son habituales en los establecimientos públicos de Extremadura o Andalucía, por ejemplo.

Concluyamos regresando al principio de aplazamiento. Algunos de los mejores compositores e intérpretes de música popular portuguesa han reflejado con acierto su importancia sociológica en la vida del país, por lo que nos permitimos transcribir unos fragmentos pertenecientes a dos canciones de las que son autores António Variações (*È p`ra amanhã*) y el grupo Deolinda (*Movimento associativo perpétuo*):

António Variações (*É p´ra amanhã*)

É p´ra amanhã
Bem podias fazer hoje
Porque amanhã sei que voltas a adiar
E tu bem sabes como o tempo foge
Mas nada fazes para o agarrar.

É p´ra amanhã,
Deixa, lá não faças hoje
Porque amanhã tudo se há-de-arranjar.
Ai, tu bem sabes que o trabalho foge
Mesmo de quem diz que quer trabalhar.

(Es para mañana
Pero debías hacerlo hoy
Porque mañana lo volverás a aplazar
Y bien sabes que el tiempo se acaba,
Pero no haces nada por aprovecharlo.

Es para mañana,
Déjalo, no lo hagas hoy
Porque mañana todo se arreglará.
Ay, tú bien sabes que el trabajo se acaba
Incluso para quien dice que quiere trabajar).

Deolinda (*Movimento associativo perpétuo*)

Agora sim, damos a volta a isto!
Agora sim, há pernas para andar!
Agora sim, eu sinto o optimismo!
Vamos em frente, ninguém nos vai parar!

—Agora não, que é a hora do almoço…
—Agora não, que é a hora de jantar…
—Agora não, que eu acho que não posso…
—Amanhã vou trabalhar…

Agora sim, cantamos com vontade!
Agora sim, eu sinto a união!
Agora sim, já ouço a liberdade!
Vamos em frente, é esta a direcção!

—Agora não, que me doi a barriga…
Agora não, dizem que vai chover…
Agora não, que joga o Benfica
E eu tenho mais que fazer.

—Agora não, que falta um impresso...
Agora não, que o meu pai não quer...
Agora não, que há engarrafamentos...
Vão sem mim, que eu vou lá ter.

(¡Ahora sí, que damos la vuelta a la tortilla!
¡Ahora sí, que tenemos piernas para andar!
¡Ahora sí, que podemos ser optimistas!
¡Avancemos, que nadie nos puede parar!

—Ahora no, que es la hora del almuerzo...
—Ahora no, que es la hora de cenar...
—Ahora no, porque mañana
Tengo que ir a trabajar.

¡Ahora sí, cantemos con fuerza!
¡Ahora sí, que siento la unión!
¡Ahora sí, ya llega la libertad!
¡Avancemos, este es el camino!

—Ahora no, que me duele la barriga...
—Ahora no, que dicen que va a llover...
—Ahora no, que juega el Benfica
Y tengo mucho que hacer.

—Ahora no, que falta un impreso...
—Ahora no, que mi padre no quiere...
—Ahora no, que hay embotellamientos...
—Vayan andando, que yo iré más tarde).

Existe también un poema de Álvaro de Campos, heterónimo de Fernando Pessoa, que aborda la cuestión. Se titula precisamente *Adiamento*:

Adiamento

Depois de amanhã, sim, só depois de amanhã...
Levarei amanhã a pensar em depois de amanhã,
E assim será possível; mas hoje não...
Não, hoje nada; hoje não posso.
A persistência confusa da minha subjetividade objetiva,
O sono da minha vida real, intercalado,
O cansaço antecipado e infinito,
Um cansaço de mundos para apanhar um elétrico...
Esta espécie de alma...
Só depois de amanhã...
Hoje quero preparar-me,
Quero preparar-me para pensar amanhã no dia seguinte...
Ele é que é decisivo.
Tenho já o plano traçado; mas não, hoje não traço planos...
Amanhã é o dia dos planos.
Amanhã sentar-me-ei à secretária para conquistar o mundo;
Mas só conquistarei o mundo depois de amanhã...
Tenho vontade de chorar,
Tenho vontade de chorar muito de repente, de dentro...
Não, não queiram saber mais nada, é segredo, não digo.
Só depois de amanhã...
Quando era criança o circo de domingo divertia-me toda a semana.
Hoje só me diverte o circo de domingo de toda a semana da minha infância...
Depois de amanhã serei outro,
A minha vida triunfar-se-á,
Todas as minhas qualidades reais de inteligente, lido e prático
Serão convocadas por um edital...

Mas por um edital de amanhã...
Hoje quero dormir, redigirei amanhã...
Por hoje, qual é o espetáculo que me repetiria a infância?
Mesmo para eu comprar os bilhetes amanhã,
Que depois de amanhã é que está bem o espetáculo...
Antes, não...
Depois de amanhã terei a pose pública que amanhã estudarei.
Depois de amanhã serei finalmente o que hoje não posso nunca ser.
Só depois de amanhã...
Tenho sono como o frio de um cão vadio.
Tenho muito sono.
Amanhã te direi as palavras, ou depois de amanhã...
Sim, talvez só depois de amanhã...
O porvir...
Sim, o porvir...

Aplazamiento

(Pasado mañana, sí, pasado mañana...
Mañana pasaré el día en pensar en pasado mañana
Y así será posible; pero hoy, no...
No, hoy nada; hoy no puedo.
La persistencia confusa de mi subjetividad objetiva,
El sueño de mi vida real, que se interpone,
El cansancio anticipado e infinito,
Un cansancio mortal hasta para coger el tranvía,
Este tipo de alma...
Será pasado mañana,
Hoy quiero prepararme para mañana pensar en el día siguiente,
ése es el que importa.
Tengo ya pensado el plan; pero no, hoy no hago planes...
Mañana es el día de hacer planes.

Mañana me sentaré en el escritorio para conquistar el mundo,
Pero no conquistaré el mundo hasta pasado mañana...
Me dan ganas de llorar,
De pronto siento por dentro unas ganas inmensas de llorar.
No, no quieran saber más, es un secreto, no diré nada.
Esperen a pasado mañana...
Cuando era niño, la diversión del circo del domingo duraba toda la semana.
Hoy sólo me divierte el circo de domingo para toda la semana de mi infancia.
Pasado mañana seré otro,
Mi vida será una maravilla,
Todas las cualidades que me adornan como hombre leído, inteligente y práctico
Serán dadas a conocer públicamente en un edicto...
Pero en un edicto de mañana...
Hoy quiero dormir, lo redactaré mañana...
De momento, ¿cuál sería el mejor espectáculo para revivir la infancia
Aunque no compre las entradas hasta mañana
Porque cuando estará bien el espectáculo será pasado mañana?
Antes no...
Pasado mañana tendré la comparecencia pública que mañana estudiaré,
Pasado mañana seré finalmente lo que hoy no puedo ser de manera alguna.
Pasado mañana.
Hace un frío de perros.
Tengo mucho sueño.
Mañana o pasado mañana te diré las palabras que pienso decir.
Sí, tal vez pasado mañana...
El porvenir...
Sí, el porvenir...)

El tiempo: un incordio despreciable, un invento nefasto del cual los portugueses se defienden bien. Una lástima que se hayan inventado los relojes, porque estos, al contrario que el tiempo, poseen entidad física, muestran obscenamente sus agujas y sus números para recordarnos que la vida está sometida a la crueldad de los horarios. Pero no importa. ¿Qué prisa tenemos? De momento, ocurra lo que ocurra, vayan andando, que yo en seguida les alcanzo.

IV. 25 DE ABRIL SIEMPRE

Una historia mal contada

El desvanecimiento de los ideales que hicieron posible el 25 de abril de 1974 es tal vez el máximo ejemplo de no inscripción (según se entiende el concepto en otra parte de este libro) en el Portugal contemporáneo. 40 años después, aquella revolución continúa estando mal estudiada. Resulta extraordinario que en la edición de 1989 de la Historia de Portugal, la más leída en Europa y publicada en España por Alianza Editorial, el autor despache en menos de dos páginas todo lo referente al 25 de abril. La última parte del libro, que trata los acontecimientos más próximos en el tiempo, es un encendido elogio a la figura de Salazar y a los logros del Estado Novo. Al dictador le atribuye «la reorganización interna de la Administración, los planes de obras públicas y de fomento económico, la enérgica imposición de la independencia política y económica ante el juego de los intereses externos y la lucha militar y diplomática para los territorios de ultramar» (pág. 430). Sobre el 25 de abril opina que «no existe la distancia focal indispensable para la formación de una imagen histórica», por lo cual, «solo pueden hacerse interpretaciones políticas» (que, por lo visto, son incompatibles con las históricas).

Afirma, eso sí, que «el intento de expulsión de la derecha llevó a una distorsión generalizada», y que el regreso a las dinámicas parlamentarias ocasionó «permanencias efímeras en el poder, gobiernos de corto plazo carentes de un plan de larga o media duración y, como saldo final, un perjuicio efectivo en el nivel de eficiencia del Estado». La Historia de Hermano Saraiva (quien hasta su muerte, ya nonagenario, gozó del favor de la televisión estatal con espacios permanentes en su programación), es una pequeña muestra del trabajo constante desarrollado por los intelectuales orgánicos del viejo orden, que han contribuido a crear una imagen ideológicamente sesgada del significado del 25 de abril y de las dinámicas creadas a partir de aquella fecha. Seleccionando las fuentes y presentando determinados acontecimientos con un enfoque más ideológico que riguroso, se fue escribiendo la historia de la revolución de los claveles y se llegó a la no inscripción del fenómeno, tarea para la que se contó también con las organizaciones políticas de centro y derecha, que raramente aluden al contenido liberador de este episodio decisivo e incluso hacen lo que pueden para minimizarlo en la memoria colectiva; nos referimos a los partidos fundados apresuradamente al calor de la revolución y que entonces, sin excepción, se declararon de izquierda, o de centro, o centro izquierda para, casi de inmediato, comenzar su labor de zapa contra el nuevo orden. Hasta el PPD (antecesor del actual PSD) disfrazaba su ideología y, en una exhibición de oportunismo, se mostraba de acuerdo en caminar hacia una sociedad orientada por los valores del socialismo. Desde entonces, las siglas identificativas de los partidos siguen «corridas» hacia la izquierda y, en la realidad, al PSD (Partido Social Demócrata) hay que situarlo en la derecha clásica, tal como el PP español, y el CDS (Centro Democrático y Social), de matriz demócrata cristiana, es asimilable a una derecha neoliberal y nacional-populista.

En estas organizaciones se camuflaron muchos de los adictos al antiguo régimen que, travestidos de demócratas, aprovecharon la escasa tendencia del país al ajuste de cuentas y esperaron pacientemente el momento propicio para tomar el mando de nuevo. Con parte de los protagonistas vivos y todavía actuantes en el mundo de la política o las finanzas, pasaron años en que casi todos optaron por no hablar de lo que resultaba incómodo y, en consecuencia, periodos y acontecimientos fundamentales para entender la evolución posterior de Portugal permanecieron en la penumbra. Hubo de transcurrir todavía más tiempo hasta que comenzaran a llegar a las librerías las primeras aportaciones serias para explicar los múltiples aspectos que no habían sido conocidos o valorados en los primeros años de la post revolución

El 25 de abril de 1974 termina la dictadura más larga de Occidente y se crean las condiciones para cambiar de raíz el panorama social, político y cultural del país. La revolución sitúa a Portugal en el centro de la atención internacional y sirve de estímulo y precedente para otros cambios democráticos que seguirían en España y América Latina. No obstante, desde los primeros años 80 existe una gigantesca operación mediática montada por los tres partidos que han gobernado desde entonces para presentar el periodo del PREC, aquel en que tuvieron lugar las transformaciones más profundas, como una fase caótica durante la cual las organizaciones a la izquierda del PS intentaban pescar en río revuelto y poner al país a los pies del comunismo internacional. Con los datos hoy conocidos, esas afirmaciones difícilmente se sostienen. La revolución de abril del 74 supone el fin de una guerra colonial terrible y trae al pueblo portugués, de la noche a la mañana, la recuperación de la libertad y la esperanza en un futuro próspero basado en el reparto de la riqueza y el fin de la explotación. Como siempre sucede en estas situaciones, la exaltación derivada de un cambio tan radical se reflejó de inmediato en la calle y en los centros de trabajo. Y también de inmediato se puso a circular la idea de que tras el frenesí revolucionario había una conspiración para satelizar el país colocándolo en la órbita soviética. Tal teoría, analizada con la debida perspectiva, se ha revelado como un mito alimentado probablemente por la principal potencia cuya intervención en los asuntos internos portugueses sí está probada y admitida por algunos de sus protagonistas; es decir, por los Estados Unidos, en estrecha colaboración con la socialdemocracia europea.

Por su parte, algunos panegiristas de la revolución proyectaron hacia el exterior una imagen que tampoco ayudó demasiado a la comprensión de lo sucedido. La insistencia excesiva en las connotaciones románticas e idealistas dejó en segundo término la dialéctica derivada de las diferentes concepciones que desde muy pronto se pusieron de manifiesto entre quienes activaron el levantamiento. Podríamos decir que en esta visión hubo un desbordamiento lírico que se sobrepuso a todo el resto, lo que acontece con alguna frecuencia en Portugal, y la irresistible iconografía revolucionaria compuesta por floristas colocando claveles en los fusiles, mujeres dando de beber a los soldados y niños jugando entre las tanquetas, sumergido todo ello en el vendaval de júbilo por la libertad y la esperanza recuperadas, impidió el análisis de las profundas contradicciones ideológicas, muy notorias entre los protagonistas de aquella gesta. Por eso es aconsejable, para comprender la singularidad de la revolución portuguesa, dejar en segundo plano la narrativa escasamente rigurosa y la mitología cuasi religiosa con que se presentan a menudo aquellos acontecimientos, y centrarse en la naturaleza de los posicionamientos y actitudes que adoptan los protagonistas de la gesta desde su inicio. Conviene, así mismo, no perder nunca de vista que el 25 de abril es realizado por oficiales y suboficiales que se ven confrontados continuamente con el sentido de la disciplina y la jerarquía inherentes a las fuerzas armadas. Este hecho coloca a los representantes más avanzados del MFA en situaciones de enfrentamiento con sus superiores, lo cual revaloriza aún más su papel y es determinante en momentos clave de todo el proceso, pero también sirve para explicar el dilema dramático en que se debaten unos militares progresistas que a veces han de elegir entre la obediencia debida a sus mandos y la fidelidad al pueblo del que forman parte, lo que podría explicar comportamientos personales que podríamos calificar de erráticos en algún protagonista eminente de la revolución.

La lírica no deja ver el bosque

Y fue entre la sorprendida ciudadanía donde la llama de la lírica revolucionaria alcanzó su punto álgido. Aún hoy, cuando los portugueses se deciden a hablar de aquel acontecimiento único que les marcó para siempre, cuentan historias muy parecidas. Dicen que el país era una fiesta, que las esquinas se habían transformado en foros donde se discutía con apasionamiento la nueva situación, que se manejaban propuestas, se criticaban decisiones, se comentaban los editoriales del día. La vida asociativa funcionaba frenéticamente. Las sedes de las entidades culturales y políticas albergaban centenares de reuniones convocadas al calor de los acontecimientos, que se sucedían sin pausa. En las paradas de los autobuses, quienes tenían coche se paraban y se ofrecían a llevar al trabajo a los que iban en la misma dirección. El Sporting y el Benfica habían desaparecido de las conversaciones en los talleres, sustituidos por Otelo, Maia, Cunhal, Soares... Milagrosamente, en los ascensores ya no se hablaba del tiempo y los vecinos se miraban por primera vez a los ojos, diciéndose con una sonrisa: *Força*! El aroma reciente de la revolución impregnaba la vida cotidiana de las gentes, la política pertenecía otra vez al pueblo. Así empezó todo, así lo cuentan quienes lo vivieron, pero en seguida añaden que en los años subsiguientes a la revolución fueron acumulando frustraciones que acabaron con el entusiasmo inicial. El poder real volvió a las manos de costumbre. Las grandes familias de banqueros y terratenientes regresaron de su breve purgatorio. Se aprovechaban las sucesivas crisis para acabar con algunas de las conquistas que se creían intocables. Los sones de «Grândola, vila morena» fueron apagándose sin remedio. Y la historia fue transformándose en *saudade*. Muchos portugueses acaban el relato como si estuvieran hablando de un amor perdido: «Fue hermoso mientras duró». Recuerdan también que todos los 25 de abril conmemoraban la efeméride desfilando en ciudades y villas. Docenas de autobuses cargados de ciudadanos de todo el país llegaban a Lisboa y descendían por la Avenida da Liberdade desde el parque Eduardo VII para desembocar en el Rossio y escuchar los discursos de algunos de los protagonistas del levantamiento, que insistían en la necesidad de mantener las conquistas del 25 de abril y el espíritu que había alentado aquella gesta. Pero lo cierto es que las mencionadas conquistas se iban perdiendo año a año, y la manifestación pasaba primero a desfile y después a una especie de procesión laica cada vez menos concurrida. Los más tenaces, sin embargo, seguían acudiendo a la cita y algunos se hacían acompañar de sus hijos.

(Los padres del adolescente eran alentejanos emigrados a Lisboa al final de los sesenta, al regreso del padre de la guerra de África, donde había pasado tres años. En la capital buscaban un futuro mejor que las peonadas miserables a cambio de doce horas de trabajo al sol o al frío. Los padres eran comunistas, «del único partido que

se preocupa por nosotros», explica el padre al chaval. Y le vuelve a contar cómo en la noche anterior al 25 de abril su madre y él habían oído por la radio una canción de Paulo de Carvalho y después una de Zeca Afonso que hablaba de Grândola, una villa cercana a su pueblo. Les extrañó porque sabían que, al igual que otras del mismo autor, había sido prohibida por la censura. A la mañana siguiente, ya en el trabajo, un compañero del taller había entrado todo agitado diciendo que los tanques andaban por Lisboa y tenían sitiado a Caetano. Decidieron dirigirse al centro de la ciudad y lo encontraron ocupado por miles de personas que vitoreaban a los militares. Unos cuantos agentes de la PIDE, contra una pared, eran abucheados por el gentío. Le cuentan esto al chico todos los años mientras este les oye distraído, con la atención pendiente de otro niño que camina pegado a sus abuelos con unos auriculares en las orejas. El cortejo avanza con poco entusiasmo hacia el Rossio y las pancartas se van situando disciplinadamente en los laterales. La avenida queda alfombrada de panfletos y claveles que se han ido cayendo de las manos, de las solapas. Son claveles fatigados por el sol y ya un poco mustios. Los padres hace rato que dejaron de hablar y esperan los discursos finales. Después buscarán un banco libre, se unirán a otros compañeros, sacarán las fiambreras y los garrafones y compartirán las viandas que han traído para almorzar.

Unos días más tarde acudirán también con su hijo a la manifestación del 1º de mayo. El chico la prefiere a la del 25 de abril, porque tiene algo más de ritmo. Al pasar por Almirante Reis, el padre señala un balcón en el que están varios señores mayores saludando a la multitud que los vitorea.

—Mira, el calvo es Rosa Coutinho y el que está a su lado Vasco Gonçalves, nuestro primer ministro, que quiso hacer la reforma agraria. Otelo no está allí, pero seguro que lo encontraremos más adelante. Ahora no se llevan muy bien, por eso no aparecen juntos.

En el metro, de vuelta a casa, el chico escucha lejana la voz de su madre diciendo en voz baja a algún conocido: «Al menos nos queda la libertad, esta clase de libertad». Y después se pone a pensar en su prima Marta, a la que esta primavera le están saliendo las tetas).

La revolución necesaria

Dejando a un lado estas evocaciones, es necesario recordar algunos datos cuya relevancia ayudan a entender la intervención militar de abril del 74. Portugal era un país sometido a una dictadura y esquilmado sistemáticamente por una docena de familias, tenía la mortalidad infantil más alta de Europa, un índice de emigración impresionante, una población activa que no cesaba de disminuir y una tasa de inflación del 23%; pero no serían estos los motivos inmediatos de la explosión de abril, sino la sangría de una guerra colonial sin salida militar que se prolongaba desde 1961 y en la que perdían la vida o sus mejores años una buena parte de los jóvenes. De hecho, rara era la familia de esa época que no tenía a alguno de sus miembros en la emigración, por imperativo de la supervivencia económica, o en la guerra, por mandato de un régimen empeñado en mantenerse como el último imperio colonial del continente. De este modo no extraña que en el seno del propio ejército se produjese una transformación decisiva en la que también influyó (y este es otro aspecto poco estudiado) la incorporación a filas de militares universitarios de complemento, rompiendo el carácter de casta que el ejército tenía hasta entonces y dando ocasión a una convivencia beneficiosa con los militares profesionales. La conjunción de todos estos factores llevan a que las Fuerzas Armadas se cuestionen su papel represivo en las colonias, tal como explicaron después algunos protagonistas del golpe militar: «La propaganda militar nos decía que Portugal era una e indivisible, pero en las colonias nos dábamos cuenta de que aquellas mentes no tenían nada que ver con nosotros y los habitantes de las colonias tenían derecho a ser libres» (Salgueiro Maia); «la guerra colonial provocó el desprestigio de las Fuerzas Armadas ante la población, había que recuperar el prestigio y la única forma de hacerlo era derrocar al Régimen» (Vasco Lourenço). Se entiende, por tanto, que en las 24 horas siguientes a la madrugada del 25 de abril no se registrara el menor movimiento de apoyo al Estado Novo salazarista, que el movimiento de los capitanes triunfase y se echara el telón rápidamente y sin mayores sobresaltos a la dictadura. No obstante, para que llegase aquel momento hubo que pasar antes por una larga lucha y por sucesivas intentonas que no consiguieron su objetivo de acabar con una dictadura aferrada a las glorias del pasado, con el país sometido a una guerra colonial que hacía imposible cualquier esperanza de recuperación económica y normalización democrática. La década de los 60 y comienzos de los 70 viene marcada por movimientos reivindicativos acompañados de huelgas en los mayores centros industriales, donde se percibe la influencia del partido comunista como fuerza mejor organizada y con mayor presencia entre los trabajadores. Es curioso que ya en los documentos y panfletos que van saliendo a la luz con motivo de las acciones de la oposición, aparecen con frecuencia las tres ideas-fuerza (conocidas por las tres D) en torno a las cuales sería elaborado el programa del Movimiento de las Fuerzas Armadas que los militares presentan como guía teórica del 25 de abril y de todo el proceso previsto hasta la celebración de elecciones: Democratización para recuperar los derechos ciudadanos, Desarrollo poniendo fin a la protección al capitalismo monopolista y Descolonización contra una guerra injusta en tres frentes de África.

Lucha de clases en el ejército

El éxito de la operación militar no evitó, sin embargo, que la misma noche del golpe comenzasen las maniobras destinadas a desvirtuar el contenido del Programa del MFA y poner en circulación una versión *light* más asimilable por los sectores del ejército exclusivamente preocupados por mantener la situación bajo control. La señal de partida para este blanqueo la da el general Spínola el 26 de abril, día inmediato a la caída de la dictadura cuando, en su comparecencia pública ante el país, realiza un primer intento de modificar el Programa que es frustrado por los oficiales protagonistas del levantamiento militar. Da comienzo así una sucesión frenética de acontecimientos, con los capitanes intentando que la situación no se les fuera de las manos y Spínola reforzando su poder personal como cabeza de la jerarquía militar. Una especie de lucha de clases entre los mandos intermedios que habían planeado el derribo de la dictadura y los generales que intentan capitalizar la acción y detener las transformaciones más radicales previstas en el programa.

Sería la Junta de Salvación Nacional, bajo la sombra omnímoda de Spínola, el órgano utilizado por la jerarquía militar para tratar de hacerse con las riendas de la situación y controlar a los elementos más dinámicos del MFA. Las luchas internas dan lugar a una situación confusa en la que en unas ocasiones no se sabe muy bien quién da las órdenes y, en otras, esas órdenes son corregidas por la presión popular. Así ocurre en dos casos tan significativos como fueron la actitud a tomar ante la policía política del régimen (la PIDE, rebautizada DGS por Caetano), y la liberación de los presos. Sobre el primer asunto, la actitud de Spínola se manifestó con claridad en conferencia de prensa el día 26 cuando, en vez de anunciar la disolución, dice: «Ya se ha advertido a la DGS que debe actuar de modo que no vuelva a merecer ningún reparo por parte del pueblo portugués». Tal provocación dio lugar al cerco y asalto de algunas sedes de la policía, con la detención de los agentes. En el tema de los presos, Spínola trató de restringir su liberación inmediata, limitándola a aquellos que no contaban con procesos pendientes, con lo que un número elevado de los políticos habrían de continuar en prisión. Fue también la intervención popular, en la puerta de las mismas prisiones, lo que obligó a una liberación sin restricciones.

Desde la JSN, Spínola multiplica las advertencias en el sentido de reponer el orden y mantener la disciplina y, arropado por los sectores más conservadores de la Junta, consigue una primera victoria, consistente en mantener la estructura de la PIDE (DGS) en ultramar y prorrogar el mandato de los antiguos gobernadores. Aprovechando su posición de fuerza y la popularidad conseguida al capitalizar la rendición de Caetano en el cuartel do Carmo, Spínola juega sus cartas siempre en el sentido de modificar el Programa del MFA que conocía y había aprobado antes de la intervención militar. Las contradicciones dentro del sector militar no harían sino acentuarse en lo sucesivo, y están presentes en numerosos acontecimientos importantes que marcan el periodo que llega hasta las elecciones de 1976. En los días que van desde el 25 de abril hasta el 14 de mayo, elementos de la cúpula de la JSN intentan concentrar todo el poder en este órgano y desplazar de los centros de decisión a los representantes del MFA. Se trata de un lapso de tiempo realmente excepcional en que la JSN ejerce el poder en solitario y actúa de hecho como un gobierno con poderes legislativos; de manera acelerada se toma la decisión de permitir el exilio de los ex presidentes de la República en Brasil y se adoptan resoluciones polémicas sobre asuntos financieros y económicos de importancia, promoviendo reuniones para tranquilizar a industriales y banqueros con el objeto de «restablecer la confianza», que se había visto afectada «por la explotación política de las manifestaciones del 1º de mayo». Por si no estuviera clara la intención de marcar distancias respecto del programa del MFA, en el que eran puntos fundamentales el fin inmediato de la guerra y el reconocimiento de la independencia de las colonias, Spínola habla en público de examinar «todas las posibilidades que puedan conducir a la paz en ultramar» y de «acelerar el ritmo de la regionalización de las estructuras políticas de los territorios ultramarinos y llamar a la participación de sus habitantes en las actividades de la gestión pública», de lo que se deduce que la descolonización automática no entraba en sus planes. Atentos y alarmados por los movimientos del general, el MFA contrarresta las maniobras de Spínola para conseguir la concentración de poderes en su persona potenciando el contenido político de la Comisión Coordinadora del Movimiento y otorgándole más capacidad de intervención. Los repetidos intentos de Spínola por disolver la Coordinadora, a pesar de las victorias iniciales, no tendrían éxito, pero el pulso se mantendría hasta septiembre del 74. Los repetidos golpes de mano de Spínola en el lapso de 20 días a que nos venimos refiriendo, culminan con una decisión de primera importancia: el nombramiento del abogado Palma Carlos como cabeza del primer gobierno provisional. Previo al golpe, existía un acuerdo con los capitanes según el cual el primer ministro sería elegido entre una terna de destacados antisalazaristas, de la cual el nombrado no formaba parte, pero llegado el momento de la elección, el general actúa por su cuenta y sitúa en la cúspide del gobierno a un hombre de su confianza.

El amigo americano

Si se quiere entender la complejidad de la situación en la fase inmediata al golpe militar es también preciso comentar otro aspecto del que, con el tiempo, se van desvelando nuevos perfiles. Nos referimos a la intervención americana. A los pocos días del 25 de abril se detectan signos de inquietud por parte de los Estados Unidos. Lo que estaba sucediendo en Portugal preocupaba y desde Washington se toman las medidas necesarias para tener información puntual de un proceso revolucionario que podía alterar la correlación de fuerzas en el cuadro político europeo. Eran tiempos de guerra fría y toda la política exterior norteamericana se articulaba en torno a la obsesión anticomunista, de modo que cualquier movimiento que escapase a su control era interpretado como una posibilidad de aproximación al bloque soviético y se traducía en una intervención inmediata allí donde se producía. En el caso portugués, desde muy pronto se puso en circulación la idea de que aquel camino podía conducir a la implantación de un régimen comunista y de que existía un peligro cierto de que Portugal se transformase en «la Cuba de Europa». La intervención USA, como suele ocurrir, comienza a partir de la representación diplomática en Lisboa, en la que se incrustan elementos de élite de la CIA con el objetivo de favorecer a los sectores políticos y militares moderados. En 1975 es nombrado embajador en Portugal Frank Carlucci, él mismo destacado miembro de la agencia de espionaje americana. Carlucci llega con un amplio historial de misiones al servicio de la CIA en países africanos y en Brasil y, desde su llegada a Lisboa, se dedica intensivamente a desactivar la situación revolucionaria creada a partir del levantamiento militar. Hay que acabar con el riesgo inminente de sovietización que en la opinión de su gobierno acechaba a Portugal y para ello inicia un recorrido por el país de cabo a rabo, entrevistándose con militares, alcaldes y obispos que compartían sus temores ante la marcha de la revolución. Así mismo capta complicidades en el mundo laboral para acabar con el movimiento sindical unitario representado por la CGTP. La alargada sombra de Carlucci planea también sobre los intentos contrarrevolucionarios que se producen aquel año, de manera destacada el 28 de septiembre, precedido por un viaje a Portugal del vicedirector de la CIA, Vernon Walters, para mantener una serie de entrevistas con militantes de extrema derecha y personalidades del antiguo régimen. Tras Carlucci, movía los hilos Kissinger, el Secretario de Estado norteamericano que por aquellas fechas, y tal vez por sus aciertos en la política genocida desarrollada en Vietnam, había sido investido premio Nobel de la Paz. Podrían aplicarse a Portugal las palabras del mismo Kissinger en 1970 al ver el triunfo probable de Allende en Chile: «Yo no veo por qué debemos quedarnos indiferentes mientras un país cae en el comunismo por culpa de la irresponsabilidad de su pueblo».

No hay demasiadas dudas de que la intervención americana para neutralizar el peligro de «cubanización» de Portugal fue aceptada o apoyada activamente por un sector social del que formaban parte nostálgicos del viejo orden y organizaciones que iban desde derecha militante o encubierta, hasta el partido socialista. El propio Mário Soares, en entrevista televisiva de 1994, calificó de «verdaderamente fabuloso» el papel de Carlucci para apoyar al PS como único partido que podía hacer frente al comunismo en Portugal. Y el embajador-espía, en 1995, hablando de Soares y de su papel en el post 25 de abril, afirmaba: «Nadie mejor que un hombre de izquierdas, valeroso, luchador y anticomunista, para combatir a la izquierda comunista».

El conspirador contumaz

El periodo que se extiende desde el momento del golpe militar hasta la celebración de las elecciones en 1976, está marcado por acontecimientos decisivos para la orientación futura de Portugal, y en él se van definiendo con nitidez dos actitudes cada vez más enfrentadas: las de aquellos que pretenden situar al país en las coordenadas de las democracias parlamentarias europeas y las de quienes deseaban que el golpe de abril del 74 diese lugar a una transformación social revolucionaria con amplio protagonismo de las clases trabajadoras. Las luchas a que da lugar la defensa de ambas concepciones se producen tanto en el medio militar como en el civil y, en su inicio, tienen como protagonista principal al general Spínola. Este no ahorra en medios para reforzar su poder personal y reconducir el proceso en el sentido de preservar el orden y la disciplina como valores supremos, dejando a un lado el debate ideológico, lo que le lleva a organizar las tres intentonas con que trató de poner fin a los «excesos» revolucionarios y eliminar de la escena política a quienes podían hacerle sombra. La primera ocurre en el verano del 74, durante el I Gobierno Provisional, y se realiza a través del jefe de gobierno Palma Carlos que, siguiendo el plan de Spínola, presenta un Proyecto de Ley Constitucional que alteraba radicalmente lo previsto en el programa del MFA, al otorgar plenos poderes al presidente y privar de todas sus atribuciones a la Comisión Coordinadora de los militares. Spínola midió mal sus fuerzas y el proyecto sale derrotado, pese al apoyo de varios ministros y, muy especialmente, de Sá Carneiro. No obstante, el general se mantiene en la presidencia de la República, y ya con Vasco Gonçalves de primer ministro, cambia su estrategia y prepara el segundo asalto al poder absoluto apelando, en este caso, a la llamada «mayoría silenciosa», incitándola a intervenir para enfrentarse al caos generalizado y el futuro ingobernable que se avecinaba: «Ha llegado el momento de que el país despierte y se percate del futuro de anarquía a donde nos quieren conducir ciertos inspiradores políticos. Llegó la hora de asumir y exigir responsabilidades saneando por igual al dirigente inepto o corrupto, al funcionario venal, al trabajador parásito o improductivo y al político oportunista, autocrático o demagogo» (en *Ao serviço de Portugal*). Corría el mes de septiembre y se multiplicaban los actos llamando a una gigantesca manifestación nacional para que, según rezaban los panfletos de la época: «el Señor Presidente de la República haga regresar la ejecución del Programa a su verdadero sentido». La campaña de propaganda estaba impulsada por una renacida extrema derecha que fundamentalmente se agrupaba en torno del Partido del Progresso, el Liberal y la Democracia Cristiana. Grandes carteles anunciaban el día 28 como fecha de la manifestación, indicando que se pondrían a disposición de los asistentes los necesarios medios de transporte colectivo. Mientras llegaba el momento señalado, las fuerzas de los sectores militar, político y económico que apoyaban a Spínola, provocan episodios de significado claramente amenazador para el proceso revolucionario. Unos tienen lugar en África, destinados a detener la descolonización, y otros en el interior, donde se pone en libertad a dirigentes fascistas y elementos de la PIDE. Simultáneamente, se produce una intensa actividad diplomática, de la que forma parte el encuentro de Spínola con Mobutu para garantizar su no intervención en Angola o la intervención del cónsul americano en Oporto apoyando explícitamente la manifestación del 28. Dos días antes, el presidente prepara una encerrona a Vasco Gonçalves, invitándole a asistir a una corrida de toros organizada por la Liga de los Combatientes en Lisboa, donde el primer ministro es abucheado. La corrida, como estaba planeado, se transforma en un multitudinario mitin contra la descolonización y de apoyo a la prevista marcha sobre la capital. Spínola sale de la plaza convencido de que el éxito de la manifestación está garantizado y la dimisión de Vasco Gonçalves es inevitable. Con tal certeza convoca un consejo de ministros y, a modo de ultimátum, plantea que el clima de indisciplina, anarquía y ruina económica, exige que el primer ministro sea sustituido y que se controle a los medios de comunicación que emitían comunicados a favor de las organizaciones que estaban levantando barricadas para impedir la marcha hacia Lisboa; en caso contrario, él mismo, en uso de sus funciones, tomaría estas medidas obedeciendo a las llamadas que estaba recibiendo para salvar al país. Sin embargo, la mayoría del gobierno reacciona oponiéndose frontalmente a las exigencias del general y se alinea con las posiciones de la Coordinadora del MFA, que abogaba por que el general Spínola permaneciese dentro de sus atribuciones de presidente de la República, sin interferir en lo que eran competencias del gobierno provisional y del jefe del Estado Mayor, Costa Gomes; el gobierno impone, además, la dimisión de tres generales que desde hacía meses se dedicaban a la agitación contrarrevolucionaria, «por no cumplir con el espíritu del programa del MFA». Entre tanto, la intensa movilización sindical y política promovida fundamentalmente por un partido comunista sabedor de que el golpe tenía como uno de sus principales objetivos devolverlo a la clandestinidad, había abortado la marcha sobre Lisboa impidiendo que la «mayoría silenciosa» salvara al país de caer en el abismo, liberase a Spínola de sus ataduras con el MFA y lo impusiera como líder revestido de plenos poderes. El día 30 Spínola anuncia su dimisión de la Presidencia, atribuyendo su renuncia a «la inviabilidad de construir una democracia en medio de este asalto sistemático a los cimientos de las estructuras e instituciones por parte de grupos políticos cuya esencia ideológica ofende al más elemental concepto de libertad. Mi sentido de la lealtad me impide traicionar al pueblo a que pertenezco y para el cual, bajo la bandera de una falsa libertad, se están preparando nuevas formas de esclavitud». Se salda así, con la victoria de los sectores progresistas del MFA, la batalla entre la Coordinadora y el general, aunque este no cejaría en su afán conspirativo y el 11 de marzo de 1975 volvería a embarcarse en una aventura golpista cuyo fin último era otorgarle atribuciones que le garantizasen el ejercicio de un poder casi absoluto. En efecto, después de la dimisión de Spínola, numerosos jefes y oficiales partidarios del antiguo presidente se habían mantenido en puestos de mando y, con el soporte político de partidos como el PPD y el CDS, ponen en marcha una campaña de agitación dirigida preferentemente contra los comunistas, en la cual participan también algunos grupos de la extrema izquierda. El ELP (Ejército de Liberación de Portugal), organización con bases operacionales en España, se encarga de las acciones más violentas, sobre todo en el norte. Las provocaciones se suceden y en los cuarteles las tropas adictas al expresidente se preparan para entrar en acción. La sensación de levantamiento se extiende con tal fuerza que el vicedirector de la CIA, de visita en Madrid, prevé un inminente «golpe en Portugal, al modo chileno», y la prensa francesa anuncia que «Spínola prepara un golpe de estado que contaría con luz verde del embajador de Estados Unidos, Frank Carlucci, para detener el proceso revolucionario en Portugal». Hasta el diario A Capital, titula en Lisboa el 3 de marzo: «La CIA planea un golpe en Portugal para antes de fin de mes». En tal ambiente se lanza el anuncio de la llamada «Matanza de Pascua», y se pone en circulación una lista de 500 militares y 1000 civiles afectos a Spínola cuya eliminación física estaba siendo planeada por los izquierdistas. Según diversos historiadores, entre los cuales se cuenta el español Sánchez Cervelló, en el origen de tal información estaban los servicios secretos del presidente del gobierno español, Arias Navarro, quien habría advertido a exiliados portugueses de la preparación de la mencionada matanza. Todo parecía a favor para desencadenar la acción militar que permitiría el regreso triunfal de Spínola al poder. Mas el plan previsto fracasa porque las unidades militares implicadas, después de un inicial bombardeo sobre algunos de los objetivos en Lisboa, dan marcha atrás en su acción y alegan haber sido engañadas por sus mandos. La fuga de Spínola hacia Madrid marca el comienzo de un nuevo y decisivo periodo durante el cual la iniciativa política estará del lado de los sectores civiles y militares más comprometidos con el programa del MFA. Son extinguidos la Junta de Salvación Nacional y el Consejo de Estado, y en su lugar se crea el Consejo de la Revolución, órgano con poderes ejecutivos que se constituye en auténtico motor de las transformaciones sociales.

La revolución acelera y el verano se calienta

El IV Gobierno Provisional, que también dirige Vasco Gonçalves, acelera el proceso revolucionario y nacionaliza la banca, las empresas energéticas, los transportes, los seguros e impulsa decisivamente la reforma agraria, que pretende acabar con los latifundios y redistribuir la tierra. Hay tres bloques entre los cuales se agudizan las luchas internas. Los dos primeros están formados por los partidarios de la aceleración de las transformaciones revolucionarias y en ellos se alinean, por un lado, los gonçalvistas, sectores de izquierda del MFA y PCP. En el segundo bloque están los otelistas y la extrema izquierda, y en el tercero las fuerzas que tratan de impedir o ralentizar la dinámica desencadenada a partir del 11 de marzo: PS, PPD, CDS, Iglesia y militares moderados. La salida del gobierno por parte de los socialistas en el mes de julio da paso a la formación del V Gobierno Provisional. En simultáneo, aparece el «Documento de los Nueve», que se constituye en la guía de actuación del sector militar opuesto a la izquierdización del MFA. El «verano caliente» entra en su fase álgida en medio de una ola de asaltos a sedes del PCP reivindicadas por movimientos de extrema derecha, acciones que producen varios muertos y heridos en el norte y centro del país. La ofensiva de la extrema derecha es organizada desde España, donde el régimen ve con preocupación la hegemonía adquirida por los sectores revolucionarios de las Fuerzas Armadas y el poderoso movimiento de masas que exige la aceleración de las transformaciones sociales y políticas en curso. Exmiembros de la PIDE, legionarios, militares contrarrevolucionarios y afectos a Spínola se encargan de dirigir las organizaciones terroristas que bajo diferentes siglas (MDLP, ELP, María da Fonte, etc.) actúan en Portugal con armas y explosivos proporcionados por el amigo español. La ofensiva contra el gobierno cuenta también con apoyos políticos obtenidos en gran parte por el trabajo de la CIA y del embajador Carlucci, que usan todos los medios a su alcance para difundir la imagen de un Portugal caótico y a punto de caer en las garras del comunismo internacional. Mário Soares y el PS colaboran activamente en esta tarea y sus homólogos europeos (capitaneados por Willy Brandt) se dirigen al Gobierno y al Consejo de la Revolución exigiendo que Portugal manifieste claramente que su futuro político se sitúa en el ámbito de las democracias parlamentarias y dentro de la Alianza Atlántica. En esa fase del PREC existe una amplia movilización popular que en el centro y sur del país dinamiza la reforma agraria y exige mayores grados de autogestión en todos los sectores productivos, pero esta presión se produce con grandes contradicciones internas entre las organizaciones de izquierda que las impulsan. La situación se torna insostenible para Vasco Gonçalves cuando el Grupo de los Nueve y Otelo, quien ha mantenido una actitud errática en los momentos más conflictivos, llegan a un acuerdo que es apoyado por el presidente Costa Gomes. La caída de Vasco Gonçalves permite la formación del VI Gobierno Provisional y los ministerios son repartidos en función de los resultados obtenidos en la elección llevada a cabo en julio anterior para la formación de la Asamblea Constituyente. Se da entrada a elementos no gonçalvistas del MFA, Pinheiro de Azevedo es nombrado primer ministro y la correlación de fuerzas, tanto en el Gobierno como en el Consejo de la Revolución, queda así profundamente alterada.

¿Quién teme a la revolución?

Durante el VI Gobierno Provisional, tanto el MFA como las organizaciones políticas se muestran cada vez más divididos, y el pacto MFA-partidos parece irremediablemente quebrado. En la calle se suceden los episodios que escapan a cualquier control. Uno de ellos fue el asalto a la embajada de España, atribuido a grupos de extrema izquierda en represalia por el apoyo del gobierno español a los contrarrevolucionarios portugueses. El proceso de descolonización es otro motivo que la derecha aprovecha para desestabilizar aún más la complicada coyuntura en que el país se debate. Pocos días antes de la proclamación de la independencia de Angola, en el mes de noviembre, se lanza una ofensiva militar contra el MPLA patrocinada por Zaire y Sudáfrica. En ella participan mercenarios del ELP y ex miembros de la PIDE. Aunque la invasión es rechazada, consigue aplazar la proclamación y es un elemento más para la exacerbación de los ánimos en la metrópoli. Sigue un periodo de continuas provocaciones y actos de fuerza de uno y otro lado. Las manifestaciones a favor y en contra del VI Gobierno se suceden. Hay varios momentos que ilustran de manera especial del grado de confrontación existente: destrucción de Radio Renascença e intervención de otras emisoras por orden del primer ministro, intento de licenciar a más de mil paracaidistas con el objeto de neutralizar su adhesión a los sectores izquierdistas en caso de enfrentamiento armado y, el más pintoresco, la decisión del gobierno (promovida por PS, partidos de derecha y afectos al Grupo de los Nueve) de declararse en huelga en tanto el presidente Costa Gomes no garantizara las condiciones suficientes para realizar su labor.

Aunque el año 2014, con la conmemoración del 40 aniversario de la Revolución, ha traído a un primer plano testimonios y nuevos trabajos de investigación sobre el acontecimiento, los entresijos de lo ocurrido el 25 de noviembre de 1975 continúan sin aclararse suficientemente. Incluso algunos de los protagonistas principales que se han explayado sobre el asunto (Otelo Saraiva de Carvalho y Vasco Lourenço, por ejemplo), difieren en sus interpretaciones o aportan datos difícilmente contrastables. Así, Vasco Lourenço, miembro destacado del Grupo de los Nueve, reconoce: «... continúa siendo polémica la lectura que se hace de aquellos tiempos de conturbación... Para unos el 25 de noviembre de 1975 señala el fin del 25 de abril y para otros significa el regreso a esa fecha mágica y la reposición de su espíritu democrático y libertador». El tiempo, no obstante, ha ido aclarando algunos contornos y aproximándonos a la realidad de unos acontecimientos ciertamente complejos. Parece comprobado, como afirma Maria Inácia Rezola en su imprescindible *25 de abril, mitos de una revolución*, la existencia de un plan militar en el que participaron moderados y socialistas, que incluía reparto de armas a civiles y ayuda extranjera gestionada por Mário Soares para prevenir «un golpe comunista» en Portugal. El llamado «Plan de los coroneles», publicado en el diario O Século en el mes de octubre, anticipa casi exactamente lo que sucedería el 25 de noviembre. Por el contrario, la preparación de un asalto al poder por parte de la izquierda militar y el PCP nunca pudo probarse. Lo cierto es que en esas fechas se produjo una suma de acontecimientos que elevaron la tensión existente en los sectores militares y civiles hasta límites insoportables: intento de retirar capacidad operativa al COPCON en beneficio de los Comandos, afectos a los moderados, propuesta de sustitución de Otelo al frente de la Región militar de Lisboa, depuración de elementos «gonçalvistas» en las Fuerzas Armadas, recrudecimiento de atentados de extrema derecha, intensificación de las manifestaciones a favor y en contra del VI Gobierno, viaje del embajador USA por el norte del país condicionando la ayuda americana a Portugal al alejamiento del peligro comunista, enfrentamientos entre trabajadores agrícolas y latifundistas con el resultado de varios muertos. Hasta que, durante la madrugada del 25, tiene lugar el acontecimiento que supondrá una inflexión radical en la marcha del proceso revolucionario comenzado el 25 de abril. Nos referimos a la revuelta de los paracaidistas de Tancos, cerca de Lisboa, que en una rápida operación ocupan tres bases aéreas y varias instalaciones militares. Los enfrentamientos entre militares se prolongan durante los dos días siguientes, produciendo tres muertos. Si bien una acción de este tipo no constituye una sorpresa en el contexto de crispación y de luchas internas en que se produce, todavía permanecen en la oscuridad informaciones esenciales sobre las motivaciones concretas y la identidad de quienes dirigieron esa operación. La existencia de varias versiones solo puede explicarse porque algunos de sus protagonistas ocultan deliberadamente parte de los datos que aclararían los numerosos puntos oscuros sobre lo ocurrido aquella noche y los días anteriores y posteriores. No se sabe aún, por ejemplo, quién dio la orden de salida de los paracaidistas, aunque los datos apuntan al COPCON, el organismo operacional dirigido por Otelo Saraiva de Carvalho. Ya no está tan claro que fuese el propio Otelo quien emitiese el mensaje para iniciar la revuelta, pero sí es cierto que el ambiente dentro del COPCON era de absoluto rechazo a la sustitución de su responsable por Vasco Lourenço, miembro prominente del Grupo de los Nueve, como había sido anunciado. En este sentido, no sería descabellado pensar en una utilización de los paras, acuciados como estaban por la depuración de que su cuerpo había sido objeto, para lanzarlos como punta de lanza de una operación que tendría como fin último justificar posteriormente la depuración de los militares alineados con la vía revolucionaria y poner fin a lo que se denominaba *Comuna de Lisboa,* donde el PC y otras fuerzas de izquierda hacían sentir su influencia. La deficiente planificación de la revuelta y la neutralización del COPCON, con un Otelo que desaparece de escena de modo todavía inexplicado en los momentos clave, contribuyen a crear aún más dudas sobre lo realmente ocurrido. Por otra parte, algunos de los intervinientes en los acontecimientos de aquellas fechas se refieren a la existencia de no uno, sino varios 25 de noviembre. Ello significaría que junto a la hostilidad evidente entre partidarios de la instauración de una democracia parlamentaria y aquellos que deseaban ahondar en la vía revolucionaria y la autogestión, actuaba un sector de extrema derecha que planeaba un golpe de estado en breve plazo. Probablemente, el propio presidente Costa Gomes compartía ese temor. Por eso en la manifestación del 20 de diciembre que le exigía cesar al primer ministro del VI Gobierno Provisional y avanzar con mayor decisión en las transformaciones revolucionarias, se refirió insistentemente a la necesidad de estar unidos y alerta ante quienes querían instaurar en Portugal una dictadura «a la chilena». Visto desde esta perspectiva, el

25 de noviembre no habría sido «un golpe contrarrevolucionario» (versión de la izquierda militar y del PC), sino que, a fin de cuentas, se habría montado para liberar al país de un regreso al fascismo.

El 25 de noviembre marca el fin del proceso revolucionario tal como se había desarrollado durante el *verano caliente*. Provocada desde el poder se produce una pérdida paulatina de la tensión revolucionaria. Son depurados y detenidos centenares de militares y miembros de grupos políticos. Parte de la jerarquía militar se une a la petición de organizaciones de derecha que exigen la ilegalización del Partido Comunista. Se pone en marcha una campaña para conseguir la desaparición de los militares de la vida política y la disolución del MFA, al tiempo que en el aspecto económico se presiona a las UCP (Unidades Colectivas de Producción), saboteando la venta de sus productos para debilitar la reforma agraria, una de las marcas más importantes del periodo revolucionario. Aunque en 1976 aún había 1,6 millones de hectáreas expropiadas y 200000 nacionalizadas, a partir de ese año se acentúa la ofensiva contra los agricultores de las Cooperativas y UCPs, que adquiere tintes dramáticos en el Alentejo. Se inicia la devolución de tierras a los antiguos terratenientes y las intervenciones de la policía producen muertos y heridos hasta avanzados los años 80.

Cambio de actores

La nueva etapa cuenta con dos figuras que acapararán el mayor protagonismo en la vida portuguesa: por una parte Mário Soares, con el soporte político de las potencias occidentales, que aplaudirían inmediatamente la acción del 25 de noviembre, interpretándola como una pérdida de influencia de las posiciones revolucionarias; por otra, Ramalho Eanes, un militar conservador casi desconocido hasta esas fechas, pero que, a raíz de su intervención para acabar con la revuelta de los paracaidistas, comienza una ascensión que le conduciría a la presidencia de la República. Dos personalidades muy diferentes que no tardarían en entrar en conflicto en los difíciles tiempos que se avecinaban, pero coincidentes en el empeño de desmantelar los órganos militares que seguían teniendo alguna capacidad de decisión en la vida política y en borrar los perfiles más netamente revolucionarios de la fase anterior. El 2 de abril del 76 se aprueba una Constitución que, a pesar de venir precedida de un intenso debate, es apoyada por todos los partidos que intervienen en su redacción, excepto el CDS.

Casi inmediatamente las puertas del país se reabren para miembros prominentes del régimen salazarista que permanecían en el exterior. La actitud respecto a Spínola, que regresa a Portugal en agosto del 76, es reveladora a este respecto; de la noche a la mañana, deja de ser considerado un conspirador contrarrevolucionario y se transforma en acompañante de Mário Soares en sus visitas de estado al extranjero durante el I gobierno constitucional. Las nuevas autoridades lo condecoran y, como colofón, recibe el nombramiento de mariscal de manos de Ramalho Eanes. Saramago se refería así a estos hechos, en su respuesta al diario El País, rechazando glosar la figura de Spínola cuando murió en 1996: «No es necesario ser muy desconfiado o imaginativo para aventurar la red de secretos, de amenazas y chantajes que transformó en mariscal a un golpista reaccionario y que, con la complicidad de los demócratas oficialistas, hizo de un prófugo de la justicia una especie de padre de la patria». Bajo la presidencia de Ramalho Eanes, la extrema derecha continúa actuando de manera especialmente violenta. Entre otros episodios, es asesinado un candidato electoral de la UDP y se produce la destrucción parcial de la embajada de Cuba, con el resultado de dos muertos y varios heridos.

Los sucesivos gobiernos resultantes de las elecciones legislativas son protagonizados por PS y PSD, que solos o en diversas coaliciones entre sí o con el CDS, se enfrentan a una fuerte crisis económica que es atribuida a los excesos cometidos en el *verano caliente*. Mário Soares dice unas palabras que seguramente nos suenan («estamos viviendo por encima de nuestros medios») y el poeta Manuel Alegre anuncia que «el tiempo de fiesta de la revolución acabó». La entrada en la CEE, combatida hasta entonces por los socialistas, es saludada con entusiasmo, pero no soluciona ninguno de los problemas existentes. Comienza el desmantelamiento progresivo del aparato productivo y un declive que acabará por afectar no solo a la situación socio-económica, sino a la propia supervivencia de Portugal como entidad soberana.

El 40 aniversario de la Revolución, acaso debido a las circunstancias especiales en que se ha producido, con el país soportando una crisis financiera sin precedentes y una pérdida brutal de derechos económicos y sociales que se creían consolidados, parece haber animado al renacimiento de lo que comúnmente son denominados *valores de abril*. Como ya comentamos, los sucesivos aniversarios de la Revolución habían adquirido un tinte cada vez más anodino y triste, tanto en la calle como en las instituciones, y el desfile anual congregaba a un número decreciente de participantes. Durante los últimos años, hasta el simbólico clavel había desaparecido de la mayor parte de las solapas en el acto más solemne, el que tiene lugar en la Asamblea de la República, y la ceremonia se había transformado en un mero trámite; los propios militares, a los que debería corresponder una parte importante del protagonismo en las conmemoraciones, habían decidido no acudir al acto, hartos de ser ninguneados por gobiernos que parecían considerarlos personajes molestos, empeñados en mantener viva la memoria de un tiempo que el poder quisiera ver definitivamente olvidado. Había también diputados que se abstenían de acudir a las celebraciones oficiales y expresaban así su protesta por el rumbo del país y su alejamiento de los *valores de abril*. Daba la impresión de que solo los comunistas defendían políticamente la vigencia de unos valores que en un momento dado habían devuelto a la población la capacidad de entusiasmo y la confianza en el futuro.

Sin embargo, con la crisis de 2008 se produce una reaparición de símbolos y eslóganes asociados a la Revolución. La depresión reactualizó el cántico de «Grândola, vila morena», adoptado como himno de protesta incluso entre los jóvenes, que lo entonan en manifestaciones y actos contra la intervención de la Troika y la pérdida de soberanía. Hasta aquellos momentos, el 25 de abril apenas se traía a colación, según la conveniencia de los partidos, en mítines y actos electorales, y lo que debía ser un motivo de orgullo colectivo se había difuminado en la conciencia colectiva de la mayoría de la población como consecuencia del sentimiento de desmoralización colectiva. Un sentimiento amplificado por el desastre económico y la indignación de un gran número de ciudadanos que, mirando hacia la historia reciente, aún se preguntaban por qué el fin de la guerra colonial y la libertad conquistada en 1974 no habían producido la prosperidad y la justicia distributiva que se esperaba. Con la crisis comenzada en 2008 y la dinámica en torno al 40 aniversario, como decimos, se ha reavivado el interés por todo lo que se refiere a este crucial periodo, dando lugar a la aparición de nuevos estudios y testimonios que proyectan luz sobre aspectos que permanecían en penumbra o desvirtuados por motivos ajenos a un elemental rigor histórico. Da la impresión de que una parte del 25 de abril, al igual que lo sucedido con la guerra colonial, había permanecido inmerso en un pacto de silencio bastante incomprensible, algo difícil de entender, porque mientras una guerra es algo que, por su propia naturaleza implica la comisión de actos ignominiosos o bárbaros que el inconsciente individual y colectivo tiende a olvidar, el 25 de abril fue un acto liberador y positivo que debiera investir de dignidad y de orgullo al pueblo que lo protagonizó.

A pesar de todo, abril

Con el 40 aniversario se ha encontrado la oportunidad de reconectar con aquel periodo a los portugueses que lo vivieron y de dar a conocer a las nuevas generaciones, desde una perspectiva no meramente emocional, sino más analítica, un tiempo de esperanza que contrasta brutalmente con la durísima realidad del país en el siglo XXI. De este modo, muchos llegan a la conclusión de que en el origen de la actual situación hay causas remotas, entre las cuales no se puede olvidar la gestión de los sucesivos gobiernos que dirigen el estado desde 1976. Unos gobiernos que, después de enganchar a Portugal al tren europeo de una manera acrítica y poco meditada, porque así convenía a los detentadores del poder económico y financiero, pusieron patas arriba el país con una serie de iniciativas que tenían poco en cuenta los intereses generales. Para facilitar los negocios de los grupos económicos se cubrió el territorio con una red de autopistas innecesarias que ahora no se pueden mantener, se abandonó el sector primario, se permitió la ruina de sectores económicos que gozaban de prestigio internacional, como el textil, se acentuaron las asimetrías territoriales que provocaron el despoblamiento del interior al eliminar sus fuentes productivas, se hipotecó al Estado vendiendo las empresas y servicios más rentables y se firmaron acuerdos (PPP, Parcerías Público Privadas) con lucro garantizado para los intereses privados. Las PPP constituyen una auténtica sangría para el país y merecen renglón aparte; comenzaron con la construcción en 1995 del puente Vasco de Gama, inaugurado en vísperas de la Expo. Era primer ministro Cavaco Silva y el contrato concedía la explotación a la empresa Lusoponte hasta 2020. Curiosamente, una vez fuera del gobierno, el propio ministro Ferreira do Amaral pasó a trabajar en la empresa, se supone que en pago por los servicios prestados, inaugurando así una conducta que habría de repetirse continuamente en adelante y que aseguraba el futuro a los políticos que facilitaban el negocio cuando estaban el poder. Como se comprenderá, el campo quedaba así abonado para toda clase de corruptelas, en las que lo que menos contaba era el interés público. Las sucesivas renegociaciones del estado con la Lusoponte han costado ya al contribuyente 1000 millones de euros. Muchos de los beneficiarios de estos contratos-bicoca, además de los políticos de turno, son personajes de la banca y de las finanzas pertenecientes a las familias que mandaban en Portugal antes del 25 de abril. Los apellidos Champalimaud, Melo, o el ahora caído en desgracia Espíritu Santo, por ejemplo, vuelven a tener presencia destacada en la economía portuguesa y juntamente con otros capitalistas emergentes detentadores de enormes fortunas, influyen decisivamente en la política del país, situando a sus peones en lugares preeminentes de los grandes partidos que desde 1976 gobiernan Portugal. Fueron estos partidos los que en los primeros momentos del post 25 de abril facilitaron la salida de los grandes detentadores del capital financiero y terrateniente, que emigraron temporalmente a países donde se dedicaron a conspirar hasta la llegada de tiempos mejores y, en una segunda etapa, propiciaron su regreso para devolverles las tierras e instalarlos de nuevo al frente de los consejos de administración de bancos y empresas. En esta labor de repesca se distinguieron políticos del área socialista que hoy apelan todos los días a la reacción popular para acabar con la situación de ruina del país, presidentes de la República como Ramalho Eanes, que extendieron la alfombra para el regreso de quienes se habían dedicado durante decenios a esquilmar a los trabajadores, o personajes como Cavaco Silva, máximo promotor del desguace del país en su época de primer ministro y presidente decorativo, que contempla desde su olimpo particular cómo el país se disuelve en el magma europeo sin mover un músculo para evitarlo.

V. EL FADO EN SU RAÍZ

Establecer un itinerario del fado lisboeta no es tarea difícil. En Internet o paseando por Alfama, La Madragoa o el Bairro Alto, cualquiera puede localizar las casas más conocidas, aquellas donde actúan los fadistas que se escuchan en radio o televisión; también las guías indican lugares como A Parreirinha, Bacalhau de Molho (Alfama), Sr. Vinho (Lapa), o el Luso (Bairro Alto), y un amplio etcétera donde el turista podrá disfrutar de una noche de fados, con cena incluida si lo desea, rodeado de otros turistas que probablemente estén más atentos a perpetuar la velada disparando fotos sin parar, que a participar emocionalmente en lo que escuchan. Ya no es tan fácil encontrar los lugares donde el fado permanece en un estado más cercano a sus orígenes, fiel a su estilo y liturgia tradicionales. Son restaurantes modestos, tabernas y, sobre todo, colectividades de barrio (equivalente de las asociaciones culturales y recreativas españolas), que en Portugal alcanzan un número impresionante, repartidas entre las zonas urbanas y las pequeñas aldeas; sin contar con una programación regular, se celebran allí de vez en cuando sesiones de fado en las que intervienen instrumentistas y fadistas «amadores»; es decir, aficionados o semiprofesionales, que reúnen a grupos de personas para las que el fado constituye un elemento importante de su sentimentalidad y de su manera de percibir el mundo. El fado funciona entonces como un instrumento de comunicación que alcanza a lo más íntimo de la afectividad y, por encima de cualquier otra consideración, es valorado por la intensidad de las vivencias y sensaciones que provoca. La penumbra y el silencio absoluto que se guarda durante las interpretaciones favorece la comunión cuasi religiosa que se establece entre quienes cantan, tocan o escuchan. Al contrario de la mayoría de las casas de fados al uso, donde el espectáculo se celebra por la noche, aquí suele preferirse el horario matiné, entre las cuatro y las ocho de la tarde, porque de este modo resulta más asequible la contratación de los músicos, algunos de los cuales actúan por la noche en locales turísticos que les pagan más. A menudo se organizan en estas colectividades sesiones de fado para recaudar fondos con fines solidarios, tales como comprar una silla de ruedas para el vecino que ha sufrido un accidente o el tratamiento contra la leucemia de un niño humilde del barrio. En esos casos nadie cobra, e incluso los fadistas, habitualmente invitados por la casa a la merienda o la cena durante sus actuaciones, pagan todo lo que consumen.

A continuación nos detenemos en algunos de estos locales, que merecen sin duda una visita de quienes se interesan por conocer el fado en su versión más genuina, con la advertencia de que la mayoría de ellos no mantiene una programación estable, por lo que es preciso informarse con antelación de la celebración o no de los espectáculos.

União Musical do Beato

La *União Musical do Beato* queda más allá de la estación de Santa Apolonia, donde los españoles piensan que ya no existe

Lisboa. Sin embargo, en estos barrios de Xabregas, O Beato y Poço do Bispo, late todavía el pulso más vivo y verdadero de la ciudad y se siguen ofreciendo algunas sorpresas y actividades que reflejan lo mejor del antiguo casticismo lisboeta; allí, por ejemplo, sobreviven algunos teatros que mantienen una programación de vanguardia (Teatro Meridional, Palco Oriental, Teatro da Garagem...), y se encuentra el convento do Beato, donde han tenido lugar eventos culturales de primera magnitud, entre los cuales recordamos un irrepetible ciclo de conciertos, con Stockhausen de magnífico oficiante. El oriente lisboeta limítrofe con la costa era un inmenso basurero industrial hasta que la urbanización originada por la Expo 98 liberó a aquellos terrenos de la incuria de los desechos, si bien se llevó por delante la extensa mancha de olivos que daba nombre al barrio dos Olivais. Hoy, los turistas que visitan la Expo circulan por una avenida que comienza en el Terreiro do Paço y atraviesa el este de la ciudad con pasos elevados que hacen ya innecesario el trayecto que, desde la puerta del Museo del Azulejo, se adentra en Xabregas, O Beato y Poço do Bispo. Por ello, la presencia de extranjeros en estos tramos resulta bastante improbable, lo cual es una razón añadida para hacer a pie una ruta que abunda en bares, donde se conversa demoradamente y la excepcional capacidad verbal de los portugueses alcanza valores excelsos.

En una perpendicular a la calle principal, que desemboca muy cerca del Parque de Bomberos, está la *União Musical do Beato*, que algunos sábados a las tres y media de la tarde organiza sesiones matiné de fados. Es el fado amador (no profesional) y tabernario, que aquí se manifiesta tal y como era antes de su conversión en amanerado artículo para consumo turístico. En la parte de atrás del local existe una sala amplia y destartalada con las paredes recubiertas de óleos oscurecidos por la pátina del tiempo y el techo cruzado de guirnaldas;

alrededor de varias mesas cubiertas por manteles de papel a cuadros rojos y blancos nos sentamos los parroquianos (no más de diez o doce cada tarde sabatina) que hemos acudido a la cita. Los clientes son gentes del barrio, habituales de la casa que, no obstante la cercanía de la hora del almuerzo, piden las viandas que manda la tradición: chorizo, panceta y costilla a la brasa, acompañados por vino tinto en jarra. Detrás de la barra sobre la que se alinean los jarros de barro, hay un tonel y una parrilla en la que trabaja el tabernero, más pendiente de la parte musical que de la culinaria; menos mal que los parroquianos le advierten de vez en cuando para que no se le pase la panceta.

Llegan los músicos. Son cinco veteranos que se sientan en un semicírculo de sillas de cara a los oyentes. Los dos más viejos deben tener ochenta y tantos años, y mantienen todo el tiempo un gesto grave y silencioso de absoluta concentración. Sólo rompen su mutismo para preguntar al que parece llevar la voz cantante, o tocante en este caso, el tono de la canción que se va a interpretar; acto seguido vuelven a ensimismarse, preocupados por comunicar a la púa el sentimiento profundo derivado de aquella música. Después de una pieza instrumental que sirve de calentamiento, se levanta de una de las mesas el primer cantor. O Frederico, manos en los bolsillos y mirada perdida al fondo del local, ataca un fado mayor. «En Mi», dice el jefe de la banda a uno de los músicos que se ha despistado en la tonalidad. A mitad de la interpretación el cantor padece un lapsus y se olvida de la letra, pero no importa; los avezados músicos le esperan tocando unos acordes de relleno y le soplan la letra por lo bajo hasta que el fadista retoma el hilo. Hay una hermosa complicidad que permite superar estos pequeños contratiempos sin que la dignidad del resultado final se resienta. Y de este modo, mientras los asistentes trasegamos vino peleón y engullimos las delicias porcinas, va pasando el concierto con la intervención de otros siete fadistas, siete, entre los cuales se cuenta el tabernero que, por fin, se libera momentáneamente de la parrilla y puede dar rienda suelta a sus auténticas inclinaciones.

El último intérprete es un trasunto perfecto del actor (Pepe Rubianes, creo recordar) que encarnaba al protagonista de la serie televisiva Maki Navaja. Adornado de tupé y tatuajes múltiples, el hombre canta con desgarro un fado conmovedor cuya letra perturbadora y canalla está dicha en el «calão» (argot) que todavía se habla en la Lisboa popular. Es una canción extraña, con un aroma transgresor que nos devuelve la tradición fadista más auténtica. Terminado el concierto, mientras los músicos recogen con parsimonia sus instrumentos y los parroquianos charlan sin perder el ritmo de la ingesta, entablo conversación con «Maki» y le pregunto dónde aprendió las letras que acaba de cantar. A pesar de su extremada cortesía, no le veo muy dispuesto a revelar sus fuentes, así que me intereso por su persona y por otros lugares donde se le pueda escuchar. El hombre sonríe, echa un trago del botellín de cerveza y me dice que en el bar de la asociación me pueden dar siempre razón de su paradero. «De todas maneras, no es difícil encontrarme: o estoy aquí, o vendimiando en Nájera, o en la cárcel». Hablaba completamente en serio, así que quedamos para otro día, en el primero de los tres lugares mencionados.

A Central do Bairro

En la Rua Afonso Domíngues, entre la Feira de Ladra y el bairro de Graça, está *A Central do Bairro,* bar y restaurante que los sábados de 4 a 8 de la tarde se transforma en casa de fados.

También aquí el ambiente es muy familiar, y raramente aparecen clientes desconocidos. La feligresía está formada por vecinos, con abundancia de parejas, y por los propios fadistas que van a actuar, acompañados en muchos casos por parientes o amigos. La gestión del establecimiento corre a cargo del músico intérprete de la viola (guitarra española) y su eficacísima mujer, quien auxiliada por varios parientes que hacen las veces de camareros, coordina desde la barra la atención a los parroquianos. *A Central do Bairro* funciona como restaurante, por lo que cuenta con cocinera y dispone de una oferta gastronómica variada que, aparte de las viandas ya citadas en el Beato, proporciona una carta completa, en la que no faltan algunos mariscos, mollejas, bacalao...

El grupo musical está básicamente compuesto por una viola y una guitarra portuguesa que hace el punteo de las melodías, pero es frecuente que se añada una segunda viola que se ocupa de los bajos. El viola, como ya dijimos es, en este caso, el propietario, magnífico músico y excelente cantor que, con un gesto discreto da la señal para que, a las cuatro en punto se haga la penumbra y el presentador anuncie el comienzo de la sesión. Arracimados en un pequeño espacio bajo el televisor, los músicos inauguran la tarde de fados con una guitarrada, fuertemente aplaudida por el auditorio.

El presentador cumple la delicada tarea de establecer el orden de las actuaciones y, en el caso de que haya un excesivo número de intérpretes, decidir quiénes quedan fuera del elenco. Normalmente no hay protestas, pero en alguna ocasión se producen trifulcas porque alguien se siente discriminado y no se conforma con ser excluido. Así ocurrió una tarde en que un parroquiano montó en cólera porque su mujer había sido preterida en favor de otra intérprete que, según manifestó el hombre a grandes voces, no le llegaba a su consorte a la altura del tobillo. Lo normal, sin embargo, es que, cuando alguien no es llamado por el presentador, se resigne y no replique.

Se anuncia al primer cantor. Un nonagenario tembloroso, al que también hemos visto a veces en El Beato, se coloca ante los músicos y, en medio de un silencio absoluto, va desgranando la letra de un fado con connotaciones metafísicas, tan del gusto portugués. La voz es casi inaudible y los parroquianos del fondo del local alargan el busto para escuchar al anciano, que con los ojos semicerrados y la mano derecha rendida a Parkinson, hace llegar al auditorio aquellas meditaciones preñadas de fatalismo y resignación. Cuando se produce una comunión tan entrañada entre público e intérprete el ambiente se adensa tanto que es como si el aire pesase, y el fado se transforma en una ceremonia única que envuelve al local y a sus habitantes en una belleza desconocida e imposible de describir. Si en tales momentos a algún parroquiano se le derramara el vino de uno de los jarros que hay sobre las mesas, el chorro se quedaría detenido en el aire, sin llegar a tocar el suelo.

Entre fado y fado hay dos o tres minutos que los clientes aprovechan para relajarse, intercambiar algunas palabras con los compañeros y picar algo. En una de las primeras mesas hay una mujer enlutada y abstraída que se está comiendo una nécora. El presentador ha debido alterar el orden previsto, porque la señora se sobresalta al ser llamada para cantar, de modo que abandona la pata que se disponía a succionar, se ajusta el chal y acompañada por la sombra de Amália Rodrigues canta con desgarro «O fado do ciume». Después recoge los aplausos y regresa a la nécora desvalida que aguarda en el centro del plato.

A la derecha de los músicos, junto a la puerta que da acceso a los lavabos, suele sentarse la fadista gitana. La cabellera canosa y abundante, recogida en un moño, enmarca la hermosura solemne de su rostro cobrizo. Escucha a los demás intérpretes con gran concentración y, si le gusta lo que oye, asiente con la cabeza, complaciente. Cuando no está conforme mueve un índice a uno y otro lado sin mucho disimulo, lo cual, si viniese de una portuguesa, sería considerado una grave falta de respeto, pero ella es así de espontánea y la expresión de su pensamiento no pasa por el tamiz de la convención. La fadista gitana es una figura fundamental en la biocenosis de la *Central do Bairro* por su efusividad y trato cordial con la concurrencia. Cuando está animada, en el intervalo y al final de la sesión, se olvida del fado, se aflamenca y exhibe su sentido del equilibrio bailando y cantando con un vaso sobre la cabeza

El fadista del anorak azul espera su turno consumiendo cervezas en la barra, y cuando llega su hora se ha bebido ya cuatro botellines como mínimo. El presentador sabe que el fadista del anorak azul debe ser llamado de los primeros, porque una espera demasiado larga le colocaría en condiciones poco aptas para cantar. El fadista del anorak azul, de aspecto tímido y mirada esquiva, es uno de los mejores intérpretes del elenco. Se dice que vivió buenos momentos, en los que grabó discos y fue pieza cotizada en las casas de fado. Cuando el presentador dice su nombre el fadista del anorak azul pone en la barra la botella de cerveza, se adelanta hasta donde están los músicos y les dice por lo bajo el título y el tono del fado que va a cantar. A los músicos les gusta acompañarle, porque jamás se sale del compás ni de la tonalidad. Hoy canta el «Fado del Embuçado», uno de sus preferidos, y su voz rota, potente e impostada llena el local y es oída atentamente por los asistentes, que saben que se encuentran ante uno de los números fuertes de la sesión.

En la revista musical «a la portuguesa», el fado tuvo siempre un lugar preeminente. Los principales fadistas (entre ellos Amália Rodrigues) se dieron a conocer a través de este género, que aúna música, teatro y variedades, y gozó de cierta tolerancia durante la dictadura, a pesar de que a menudo incluía elementos de ácida crítica política. Hoy su decadencia es evidente, pero en el circuito del fado *vadio* aparecen aún intérpretes del fado satírico y picaresco que no podía faltar en las revistas. El más representativo de los que conocemos es «Zequinha», personaje inclasificable y habitual de esta casa. Su repertorio de fados humorísticos, con letras atrevidas escritas en el argot de la Lisboa castiza, alcanza en su interpretación una maestría dramática indudable.

Y llega el intervalo de media hora que el público aprovecha para pedir nuevas consumiciones y dedicarse en exclusiva a comer y a charlar. En el fondo del local hay un hombre que circula entre las mesas repartiendo lonchas de chorizo. La señora que se ha sentado frente a mí advierte que lo estoy observando y me dice:

—Es ciego. Siempre trae algo para repartir en el descanso. Ahora va a cantar Edelmiro. El pobre no anda nada bien de salud y está internado en el hospital de Santa María. Cuando lo dejan salir por unos días, viene por aquí a echar un fado. Después canto yo y en seguida me voy a la Tasca do Careca, porque también actúo allí. ¿No irá usted en esa dirección, por casualidad?

—Lo siento, me voy a quedar aquí hasta el final.

—Yo todos los fines de semana me busco un amigo. Nada de compromisos, ¿eh? Solo para tener compañía. Todo a medias. Si congeniamos se puede venir a casa el fin de semana, pero el lunes cada uno por su lado. Desde que murió mi marido lo hago así.

Algo inquieto por la inesperada ofensiva, sonrío a la señora y echo un trago.

La segunda parte es más acelerada que la primera porque en la *Central do Bairro* se dividen los tiempos del sábado en dos porciones bien definidas: la del fado y la del fútbol. El fado acaba puntualmente a las ocho, y poco después comienza la retransmisión del partido de la semana. A pesar de que la abrumadora mayoría de los clientes es benfiquista, los del Sporting cuentan con una seguidora tan entusiasta que compensa la desventaja numérica. Es la dueña del local, que despliega un entusiasmo y una creatividad sin límites cuando juega su equipo. Unos minutos antes del partido abandona la barra, se acomoda entre los clientes y comienza su exhibición exactamente como si se hubiera trasladado en cuerpo y alma al terreno de juego. Transformada en la más enardecida componente de la claque sportinguista, grita, agita los brazos, ondea la bandera de su club sobre las cabezas de los feligreses y, a veces, se sube a la barra para festejar las jugadas de su equipo. Después del concentrado recogimiento propio del fado, aquella explosión sonora y gestual se lleva por delante los ecos de los últimos acordes, que no volverán a sonar hasta el sábado siguiente.

En la *Central do Bairro* concurren dos circunstancias que la convierten en una parada obligada para los amantes del fado: el amateurismo (*amadorismo*) que mantiene a la música pegada a sus orígenes sin concesiones a unos inexistentes turistas, y el elemento humano que se mueve en el propio bar, portugueses de extracción popular que se reúnen una vez a la semana para oficiar el rito de comunicarse de una manera misteriosa y fuertemente afectiva a través de la música. En lugares como éste es donde mejor se conecta con lo medular del fado original y donde mejor se percibe la identificación de esta manifestación artística con una cierta forma de ser portuguesa. Hay en la apoteosis emocional del fado una visión del mundo pero, sobre todo, una vivencia profunda del propio fadista que, en comunión con el auditorio, cuenta historias tremendas por las que circulan madres difuntas, enamorados celosos, pero también víctimas de la injusticia, o de la hipocresía social. Aquí el sentimiento es la máxima categoría estética, y ocurre a veces que el fadista, en el último segundo antes de su intervención, renuncia a cantar porque entiende que no está emocionalmente preparado para interpretar aquella letra en aquel preciso momento. Y nadie se lo reprocha.

A Tasca do Jaime

Un trayecto recomendable para cualquier visitante de Lisboa es el que hace el tranvía número 28 a través de los barrios más representativos de la ciudad antigua. Una de sus paradas, en el barrio de Graça, nos deja en la puerta de la *Tasca do Jaime,* donde sábados y domingos, a partir de las cuatro de la tarde, tienen lugar algunas de las mejores sesiones de fado *vadio* de la ciudad. Si llegamos un poco antes del comienzo, tendremos tiempo de dar una ojeada a Lisboa desde el mirador de Nossa Sra. do Monte, quizá el más interesante de Lisboa, situado al final de una calle en cuesta y adecuadamente señalizada que nace justo enfrente de la tasca que vamos a visitar.

En la *Tasca do Jaime* los fadistas se sientan en la mesa del fondo y los músicos a la derecha del grupo. La habilidad de los portugueses para aprovechar el espacio en los lugares públicos alcanza allí su máxima dimensión. Los clientes se apiñan en las mesas o junto a la barra y entre ellos circula la dueña del local que, de modo increíble, siempre encuentra acomodo para nuevos parroquianos que aparecen por la puerta. Discretamente transporta de un lado a otro la bandeja con las frituras de bacalao y las cañas de cerveza, y si alguien solicita una nueva consumición, traslada el pedido al marido, que está tras la barra, por señas, para no perturbar a los intérpretes. Cuando hay barullo excesivo, lo que suele ocurrir cerca ya de las ocho de la tarde, hora en que acaban los fados, la dueña pide atención y abronca sin piedad a la concurrencia subrayando la falta de respeto que se está produciendo y la necesidad de que los únicos sonidos audibles durante la interpretación sean la voz del fadista y los instrumentos de los acompañantes. La clientela suele atender los requerimientos. Es muy común en las casas de fado *amador* esta asunción de funciones de mando y organización por parte de las mujeres.

El viola es un hombre de mediana edad que desliza con inusitada suavidad los dedos sobre el mástil. Gesto melancólico y concentrado mientras acompaña a los fadistas. Ahora se dispone a cantar él mismo una composición propia. De la puerta llega todavía algún cuchicheo, por lo que el dueño interviene, perentorio:

—¡Silencio! Esto lo escribió para su madre.

La mágica alusión a la progenitora surte efecto y los murmullos cesan de inmediato.

Los fadistas se suceden. A veces, los intérpretes se sitúan entre los músicos y ponen una mano sobre el hombro del guitarrista o el viola mientras cantan, en un gesto de complicidad y confianza. En la *Tasca do Jaime* la falta de espacio dificulta esta modalidad, por lo que los cantores se colocan en un primer plano o detrás de los músicos, bajo un micrófono colgado del techo que resulta bastante innecesario, vistas las dimensiones reducidas del local. La gestualidad de los intérpretes es muy variada. Los hay que juntan las palmas en actitud orante y en esa posición, casi inmóviles, cantan su fado. Otros, más dinámicos, dan unos pasos entre las mesas, giran sobre sí mismos, acompañan los melismas con las manos extendidas al frente, de modo parecido a como hacen los flamencos. Hay fadistas que flexionan las piernas o se agarran al chal como para no caerse. Cuando el fado está formado por un número indeterminado de estrofas, el cantor, sin volverse, indica el final a los músicos con un discreto movimiento de la mano que los asistentes pueden no advertir, pero que los instrumentistas perciben siempre.

Por la *Tasca do Jaime* pasa un número considerable de fadistas cada tarde. Están los fijos de la casa en la mesa de costumbre y los que acuden eventualmente. La líder indiscutible de los fijos es una mujer de mediana edad, excelente intérprete, que lleva la voz cantante incluso cuando permanece callada. Si le complace lo que escucha asiente lentamente con la cabeza y, en caso contrario, su cara adquiere una impasibilidad absoluta que sus colegas traducen como desagrado. Entre fado y fado o en los intervalos que se producen más o menos cada hora, concede algún comentario que los otros oyen en respetuoso silencio. Su lugarteniente es una fadista castiza, ingeniosa y ligeramente deslenguada que canta siempre una versión impagable de «María, la portuguesa» y bromea sin parar sobre temas que los portugueses raramente se atreven a mencionar en público. Salta un parroquiano: «¿Qué te pasa, que hoy sólo cantas fado *desgraçadinho* (triste)?». Responde ella (a gritos): «¿Qué quieres que me pase? Hace dos meses que no hago el amor. Hasta granos me están saliendo».

Los fadistas eventuales se quedan en la barra o junto a la puerta aguardando su turno con la cerveza en la mano. Cuando aparece alguno al que no se esperaba, o especialmente apreciado por la concurrencia, los habituales se dan codazos entre sí o le saludan efusivamente, según el grado de afinidad con el recién llegado, con la esperanza de saborear una interpretación fuera de lo común. Así van pasando las cuatro horas de concierto regadas con abundante ingestión de vino, cerveza y «petiscos» (tapas y pinchos) bien sazonados.

La ubicación de la *Tasca do Jaime*, en un barrio típico, aunque no tan abundante en turistas como el Barrio Alto, propicia la presencia de algún extranjero entre los asistentes, pero el ambiente es netamente portugués, sin las concesiones a la galería que habitualmente se producen en locales más convencionales.

O Cantinho da Amizade

Así se llama el que es uno de los locales de fado más singulares de Lisboa. Situado en la pequeña zona de barrio antiguo aún existente en los alrededores del Campo de Mártires da Patria, ocupa la planta baja del número 38 de la calle Cruz da Carreira. Tras una sobria puerta de entrada nos encontramos un espacio en el que se ha respetado la cocina primitiva, utilizada ahora para el servicio de restaurante, y una sala amplia con mesas, sillas y bancos corridos. La sala comunica al fondo con un patio que mantiene el carácter de pequeño huerto que estas viviendas poseían en las traseras. Repartidas entre plantas y tiestos, algunas mesas y sillas para uso de los clientes durante el verano. Si al entrar nos piden que elijamos entre estar «dentro» o «fuera», se recomienda la opción «dentro», porque desde el patio los músicos y cantores son invisibles para los clientes allí situados.

El público del *Cantinho da Amizade* está formado por una mayoría de clientes fijos. No son currantes de barrio, como suele ocurrir en las sociedades recreativas, sino funcionarios, administrativos y trabajadores de cuello blanco con aspecto de progres veteranos, entremezclados con algunas parejas jóvenes. Gentes parlanchinas que conversan sin parar o canturrean mientras comen, con una actitud exuberante y ruidosa que raramente se ve en otros locales. Y como casi todos se conocen, hay una interactividad que se traduce en bromas de mesa a mesa y aumenta a medida que el buen tinto de la casa inspira la oratoria y la gestualidad de los asistentes.

Las cenas empiezan teóricamente a las ocho, pero la clientela va llegando con cuentagotas y el condumio se prolonga durante un tiempo difícil de calcular, así que el comienzo de la parte musical, a continuación de los postres, es absolutamente impredecible.

Las paredes de la sala exhiben una colección de cuadros y fotografías que revelan el carácter abierto y ecléctico del local. Dibujos de Bordalo Pinheiro, el gran caricaturista portugués, José Malhoa, el pintor del fado, una reproducción de Velázquez y alguna muestra de realismo proletario. Lo más llamativo es un excelente retrato de grupo que cuelga sobre una mesa a la izquierda de la entrada y que en cierto modo recuerda al de la Tertulia de Pombo realizado por Solana. La mesa está reservada y poco a poco la van ocupando varios parroquianos con aspecto de venir haciendo lo mismo todos los viernes durante los últimos treinta y tantos años. Según llegan y toman asiento nos percatamos de que cuatro o cinco de ellos son los mismos que en versión juvenil aparecen en el cuadro que está sobre sus cabezas. La forma de comportarse y la confianza con los empleados nos llevan a pensar que son algo más que clientes asiduos, tal vez incluso los fundadores del local, un grupo de profesionales de diversos ramos (abogados, médicos, etc.), amantes del fado, que hubieran hecho de aquel lugar su punto de encuentro. En su mesa se sienta también un hombre negro (presencia inusual en un local de fados) que no parece formar parte del grupo, sino de ser más bien un amigo que vino a visitarlos.

Mientras los clientes circulan entre las mesas con los platos en la mano, el bullicio continúa en la sala, y todavía más en el jardín. La única persona que no participa del jolgorio es una muchacha que se hace las uñas con gesto concentrado en una mesa individual cerca de la cocina. El resto del personal sigue entregado a la charleta y a la comida. Ya son casi las diez y nadie da señales de impaciencia por el retraso en el comienzo de los fados.

En Portugal se come bien en casi todas partes, pero las casas de fados suelen ser una excepción. En cambio, *O Cantinho da Amizade*, cuida la calidad y el buen aliño de las viandas y sirve unos excelentes platos tradicionales (las sardinas de temporada y el bacalao en todas sus formas nunca defraudan), con incursiones también en la cocina brasileña y africana. El servicio es acorde con el estilo de la casa: algo caótico, pero cercano y amable. Destaca un camarero hiperactivo, ingenioso y con mucha pluma, que simultanea su trabajo con el relato incesante de chascarrillos e imitaciones muy celebradas por la concurrencia.

Cerca de las once se levantan tres de los comensales de la mesa de los fundadores, sacan de un rincón varias fundas con instrumentos y se sientan en uno de los laterales de la sala. Nos percatamos entonces de que son también los músicos del elenco artístico del local. En sus manos aparecen dos violas y una guitarra. Los de las violas afinan en equipo, nota a nota, mientras el guitarra lo hace por su cuenta, interpretando fragmentos de un vals y, a continuación, una marcha. El hombre negro, en la mesa principal, rasguea igualmente una viola, parece como si estuviese aprendiendo. Sin previo aviso, los músicos se marcan una guitarrada ya en serio, con la probable intención de que se haga el silencio en la sala para iniciar el espectáculo. Vano intento. Nadie asume el papel de presentador, indispensable en estas circunstancias para poner orden, y tampoco ayudan la excesiva luz ni la evidencia de que parte del público está nítidamente borracho. Uno de los violas protesta sin parar porque el personal no se calla y hace visajes recriminándoles. Hasta que la mujer que se hacía las uñas avanza hacia los músicos, se coloca en la posición tradicional, guitarra a su derecha, violas a su izquierda, y comienza a entonar el fado Vitória, que surte efectos milagrosos y reduce los decibelios perturbadores casi a cero en unos segundos. Los primeros aplausos subrayan su actuación, mientras ella da las gracias en inglés. «Es holandesa», nos dice un vecino de mesa que oye nuestro sorprendido comentario acerca del impecable acento portugués de su interpretación. La ortodoxia establece que se debe abrir con una voz masculina, pero también este detalle demuestra el poco apego a la convención que aquí existe. Al grupo instrumental se ha sumado otro guitarra que tocará todo el tiempo con un cigarrillo encendido entre dos dedos de la mano derecha. El primer guitarra, el más viejo de los instrumentistas, es un consumado cantor (este sí absolutamente tradicional), al que se le pueden oír letras antiguas (atención a la del fado Varela), difíciles de escuchar en otras casas.

En general, la atención a la música no es excesiva. Los más entusiasmados son los propios músicos, que disfrutan de lo lindo, descansan cuando les apetece y a veces no acaban las piezas o las interrumpen para modificar algunos compases que no han quedado como ellos querían. Algunos fadistas son oídos con el recogimiento requerido, pero esto no es lo más frecuente, porque la extroversión de la peña no deja de manifestarse con una locuacidad incansable.

Si la hora de comienzo es un misterio, tampoco hay prisa para finalizar, y la noche puede prolongarse mientras los músicos y fadistas no pierdan el ánimo. Los instrumentistas se relevan y cantores no faltan, sobre todo a última hora, cuando aparecen los que ya van de retirada. Pero quede claro que lo que aquí se cuenta corresponde a una única noche y no sería nada extraño que, en vista de la total liberalidad que preside los acontecimientos en *O Cantinho da Amizade*, las cosas puedan desarrollarse de manera muy diferente otra noche cualquiera, y ese es uno de los mayores atractivos de este local impar.

Casa Cordeiro

São João do Estoril es tenida por zona residencial de clase media alta, pero lo cierto es que allí existe un grupo de población inmigrante o marginal que malvive en barracones e infraviviendas todavía abundantes en el concejo de Cascais, al que Estoril pertenece. En lo alto de una empinada calle (La Rua Monte de Leite) que nace en el São João rico y muere en un barrio social de los construidos después de la revolución de abril del 74 para alojar a las masas de inmigrantes procedentes de las antiguas colonias, está *Casa Cordeiro*, local de difícil clasificación y sin horario fijo de funcionamiento. Hace años *Casa Cordeiro* estuvo a punto de cerrar, pero algunos de los fadistas asiduos se hicieron cargo del negocio para evitar su desaparición y seguir cultivando su arte. De hecho el amor al arte debió ser el motivo principal de su decisión, porque la rentabilidad económica, vistos los precios que allí se practican, es muy dudosa. En la tarjeta de la casa se anuncia: *Fado amador Sextas y Sábados. Jantares, petiscos, boa comida e bom vinho.* (Fado amador viernes y sábados. Cenas, aperitivos, buena comida y buen vino).

Para entrar en *Casa Cordeiro* hay que recorrer un callejón que conduce a una especie de barraca de madera en la que no existe ningún signo exterior que dé una pista sobre la actividad que se desarrolla en el interior. Al fondo del callejón, una puerta estrecha que más tarde averiguaremos es la del WC unisex y, a la derecha, otro acceso, alrededor del cual hay varias sillas diminutas que tanto pueden servir para esperar el turno del WC como para fumar tranquilamente un cigarrillo. Por allí se entra al bar propiamente dicho.

El interior, completamente en madera, excepto el suelo de losas, ofrece una decoración en la que se acumulan una multitud de elementos heterogéneos: fotografías, chales, caricaturas, cornamentas, ristras de ajos de trapo, máscaras africanas, anuncios de sesiones de fado y una simulación de las ventanas (*janelas com tabuinhas*) del Fado da Mariquinhas. También una infinidad de bibelots («todo lo que sobra en casa») y, presidiendo la estancia, una camiseta con la efigie de Amália Rodrigues colgada en un lugar central de la pared. A la izquierda, detrás del mostrador, la cocina con una pequeña mesa para el elenco. Fadistas y músicos entran y salen continuamente de aquella zona; se ve que hay confianza. En un rincón del fondo, una parrilla en la que se asarán el bacalao, la carne y los embutidos. A lo largo de las mesas de los clientes, bancos corridos de madera.

Antes de comenzar (son las 21.15) se escucha una transmisión de fútbol en el transistor. Al tiempo que siguen el relato, los fadistas conversan sin parar. Hoy hablan mucho del Zodíaco. Entre disquisiciones sobre las conjunciones astrales, nos llega una frase suelta: «Você não é virgem, ¿pois não?». (Usted no será virgen, ¿verdad?).

No hay hora fija de comienzo para los fados. Los clientes van congeniando con el bacalao, la panceta y los embutidos armónicamente hermanados con el tinto servido en jarro hasta que el presentador decide iniciar la inmersión musical. Tras introducir a los músicos (formación tradicional: guitarra portuguesa y viola), él mismo se asume como primer fadista y obsequia al auditorio con una marcha de Lisboa. La tradición manda que sea un hombre el que abra el espectáculo, lo que ocasiona cierto embarazo cuando aún no ha llegado ningún intérprete masculino y hay que empezar con una guitarrada o esperar a que alguien del auditorio se ofrezca para cantar. En *Casa Cordeiro* siempre hay algún fadista hombre para cubrir esta eventualidad, o el propio presentador hace la primera interpretación. Para que no decaiga el ambiente creado por el primer fado, toman el relevo Minda e Isabel, dos de las responsables del local que, a dúo, cosa no muy usual, ofrecen una graciosa versión del Fado Triplicado, con letra creada por ellas mismas. Luego, un nuevo guitarrista que se acaba de añadir al grupo instrumental nos sorprende recitando, acompañándose a la guitarra, un poema aplaudido con ganas por la concurrencia y, cuando parece que entrará un nuevo cantor, es el otro guitarrista quien se marca un par de fados antes de que el presentador reclame a un habitual de la casa, Luis «Gaitinhas», que interpreta fados y música popular portuguesa con la armónica. Acabada su intervención, «Gaitinhas» pasa por las mesas ofreciendo un DVD («no es un CD, cuidado», advierte) que contiene una buena colección de piezas instrumentales con armónica, guitarra y viola. Y previene también de que el DVD contiene su comparecencia en un programa televisivo en el que, junto a su mujer, relata pormenores de su biografía y de su afición a la música.

Los instrumentistas no se limitan aquí a su trabajo de acompañantes y así Carminho, el veterano viola de técnica extraordinaria y personal, acostumbra a cantar afinadamente letras jocosas o picantes que son muy celebradas por la clientela.

Pasada la medianoche aparecen por *Casa Cordeiro* nuevos fadistas que, una vez acabada su actuación en otros locales, recalan allí porque les gusta su ambiente. Nos dejan acaso las interpretaciones más memorables de la velada, aquellas que nos conmueven porque, como dicen los devotos, en ellas el fado «acontece».

A Porta de Alfama

Alfama, Mouraria, Bairro Alto… fragmentos lisboetas que de inmediato asociamos al fado: la Mouraria, por su presencia en tantos textos cantados (rúas de la Palma, del Capelão, festejos de la Senhora da Saúde) y por la evocación permanente de la Severa, figura fundacional y mítica en el universo fadista; Alfama y el Bairro Alto, porque acumulan locales donde el fado se interpreta de manera regular durante todo el año. En Alfama, diversidad y cantidad se unen y nos permiten elegir entre casas de fado al uso, donde suelen actuar intérpretes ya conocidos, y tabernas o restaurantes que ofrecen fado amador. En este segundo grupo, donde el ambiente es más informal y el porcentaje de turistas más reducido, incluimos *A Porta de Alfama*, también conocida por *A Tininha*.

Todos los que entran en el barrio en sentido descendente pasan frente a este espacio peculiar. Intencionadamente hemos escrito «espacio» y no «local» porque, dependiendo de la meteorología y la época del año, la clientela se ubica en tres zonas diferentes. La primera de estas zonas es absolutamente atípica y demuestra una vez más el ingenio portugués para el aprovechamiento de cualquier espacio: a lo largo de la valla de una obra tal vez paralizada desde hace años se ha situado una fila de mesas; en la valla, la gerencia de *A Porta de Alfama* ha colocado ventanas simuladas protegidas por tejadillos, cortinas coloridas y una infinidad de variopintos y diminutos objetos muy del gusto popular del país. El conjunto semeja la pared de una vivienda. Cuando anochece, varios farolillos iluminan el entorno, dándole un ambiente verbenero, y refuerzan el toque castizo de aquel sector, que es donde se interpretan los fados mientras dura el buen tiempo. Para los clientes que prefieren el interior, *A Porta de Alfama* cuenta también allí mismo con un local cubierto y más convencional donde se sitúan los fadistas y se sirven las cenas cuando llega el otoño. Unas cuantas mesas con los clásicos tapetes de cuadros rojos y las correspondientes lamparillas están colocadas estratégicamente para conseguir albergar al mayor número de comensales, y nuevamente comprobamos que un metro cuadrado portugués vale por cinco de los que aprendimos en la escuela. La sala se comunica con la cocina a través de una ventana, por donde se pasan las raciones, y la puerta que da a la calle permanece abierta durante el espectáculo, de modo que actúa como reclamo para los viandantes, algunos de los cuales se detienen para oír y ver desde fuera a los artistas. Como decíamos, estamos en un punto de paso obligado para quien busca el Largo del Chafariz de Dentro, centro neurálgico de la Alfama fadista, y los transeúntes que desfilan delante del local ponen ante nuestra vista una panoplia de tipos que resumen el barrio: turistas (muchos japoneses cargados con la mitad del stock de la SONY), mujeres que vuelven apresuradas del trabajo para hacer la cena, fadistas indefinidos que hoy no encontraron donde cantar y esperan una invitación, moradores que deambulan por si cae algo, vendedores asiáticos de flores para las parejas que asisten a los fados, etc. Hay todavía un tercer espacio para clientes que desean beber una cerveza o un vaso de vino sin someterse a la obligación de cenar. Es la barra del bar, lugar preferido por los aficionados del barrio, que desde allí escuchan a los intérpretes, aunque no puedan verlos. Gente conocida, que charla con el personal de la cocina entre fado y fado, comentando la calidad de las sardinas de este año o la caída sufrida por doña Ermelinda, la vecina del tercero.

El grueso del elenco de *A Porta de Alfama* lo forma el personal de la casa. Aquí cantan todos: el viola y el guitarra, la cocinera con mandil mirando de reojo a los fogones, la camarera de voz grave y perturbadora que seguramente es una de las mejores fadistas del barrio... Pero quien se encarga de poner la sal y la pimienta artísticas es la dueña del local, mujer desenvuelta que canta, baila y envía mensajes a la cocina simultáneamente. Su especialidad son los fados arrevistados y las marchas populares, que interpreta con letras escritas especialmente para ella. El dinamismo de sus interpretaciones arrastra a la participación de toda la clientela, de modo que portugueses, españoles y orientales presentes corean con entusiasmo los audaces estribillos y se olvidan de las letras trascendentes o metafísicas de los fados anteriores. Esta mujer, por su capacidad de improvisación y su casticismo energético, no tiene nada que envidiar a las figuras de la afamada Revista à portuguesa, que todavía puede verse en el agonizante Parque Mayer de Lisboa donde, durante la dictadura salazarista, y debajo de una aparente frivolidad, se pusieron en escena textos que criticaban acerbamente al régimen del Estado Novo.

Uno de los mayores alicientes de esta clase de locales, es que durante la noche aparecen por allí cantores con los que no se contaba. Probablemente, son amigos de alguien de la casa y vienen de actuar en cualquier local próximo, aprovechando el intervalo. La dueña suele aprovechar la ocasión para invitarles a cantar «um fadinho», y así se pone la guinda imprevista en la velada.

Otros

La relación de lugares donde el fado más castizo recupera aliento en Lisboa y alrededores podría ser mucho más larga. Numerosas tabernas y restaurantes organizan tardes o *noites* de fado que el boca a boca se encarga de difundir. El acceso a esta información no es sencilla, porque tales eventos no se repiten con periodicidad, sino cuando lo estiman los organizadores. La aparición de una emisora dedicada monográficamente al fado (Radio Amália, 92.0 FM), con emisión continua también en Internet, permite estar al tanto de las programaciones de este tipo en el área de Lisboa. En los locales a que nos referimos casi todos los asistentes se conocen, pero el visitante es bienvenido y la integración con el resto de la concurrencia resulta sencilla. Tengamos en cuenta que cuando se trata de colectividades (asociaciones culturales o deportivas de barrio, tan abundantes en Portugal) la asistencia es libre, por lo que no nos debe constreñir el hecho de no ser socios. Uno de los atractivos de estas sesiones es el placer de la conversación, arte que los portugueses practican con maestría. Así, antes de las actuaciones y durante los intervalos se entabla diálogo de manera espontánea entre los asistentes. El idioma no es un obstáculo; si no hablamos portugués nos entenderán sin mayores problemas, demostrando una vez más su versatilidad en este terreno, y en seguida intentarán dirigirse a nosotros en nuestra propia lengua, sin complejos ni miedo a equivocarse. En esto la diferencia con los españoles es patente.

En la margen izquierda del Tajo se sitúa el cinturón industrial de Lisboa. Allí se quedó a vivir una gran parte de la población inmigrante que desde Las Beiras, el nordeste trasmontano y el Alentejo, llegaban a la capital en busca de mejores condiciones de vida. El fado, originariamente lisboeta, prendió también en estos núcleos obreros que en Almada, Seixal o Barreiro, etc., cultivan los fines de semana su afición al fado vadio. Es el caso de la Petisqueira2, en Amora (Seixal), que anuncia sesiones de fado y poesía. La asistencia está formada por «malta» (peña) conocida, gente del barrio en la que llama la atención una altísima densidad de teñidos capilares. Dirige los eventos una fadista y presentadora alentejana que manda mucho y riñe a los intérpretes («¡sólo se cantan dos!») cuando estos se entusiasman y quieren ofrecer una propina al auditorio. Los rapsodas recitan poemas muy sentidos acompañados por los músicos y el dueño del local interviene también a menudo para hacer su contribución lírica:

«El fado es la vida que canta», «siempre que cantemos habrá también poesía». Y después advierte: «este año apostamos por la calidad». La concurrencia asiente. Tal vez para corroborar la apuesta del propietario, la presentadora anuncia una voz femenina que puede ser considerada «una segunda Amália» (y van...). Desgraciadamente, en este local lo de la calidad no se extiende a las viandas, demostrándose una vez más la difícil simultaneidad entre fado y buen condumio.

Lo contrario ocurre en el restaurante O Domingos, en Alverca, localidad cercana a Vilafranca de Xira, que organiza «Grandes noites de Fados» todos los viernes desde las 20 hasta las 24 horas. Cuenta con un elenco artístico de excelente calidad, la comida es buena y el público entendido y entregado. El ambiente resulta algo más formal que en la mayoría de las casas aquí aludidas, pero agradable y respetuoso con la indispensable liturgia (silencio y media luz) de estos eventos.

Como queda indicado, las colectividades presentes en los barrios y las corporaciones de Bombeiros Voluntarios, organizan también con frecuencia tardes y noches de fado, que en estos locales van acompañados del típico bacalao, chorizo asado y caldo verde. Se recomienda entrar sin prejuicios y con la seguridad de ser bien acogidos y disfrutar de un ambiente genuinamente popular y lleno de sorpresas.

VI. LEÍDO EN LAS TABERNAS

Como en todas partes, también en Portugal existen tabernas. También como en casi todas partes, su declive es evidente. Pero mientras llega su desaparición, allí nos seguimos reuniendo los asiduos para practicar el noble y casi olvidado arte de la conversación mientras compartimos vinazo, cerveza o licores de varia procedencia. ¿Qué es lo que diferencia a una taberna de un bar o una cafetería si los locales son parecidos y todos ellos sirven bebidas? En Portugal no hay confusión posible, porque en las tabernas no se sirve café, la bebida nacional por excelencia. La ausencia de cafetera en el local marca sin lugar a dudas la diferencia, a la par que realiza una criba en la clientela. Las tabernas portuguesas cobijan a los partidarios de la ingestión etílica sin paliativos, y en ellas se respira un ambiente mucho menos formal que en los cafés. En algunas incluso se grita sin comedimiento, como si estuviéramos en el país vecino. Pero, ni en los casos de mayor euforia, se producen excesos verbales o de otro tipo que desemboquen en bronca abierta. Nunca he visto en ellas esa advertencia que aún se exhibe en las tabernas de algunos pueblos españoles: «Se prohíbe cantar». O la versión con estrambote: «Se prohíbe cantar mal o bien». Prohibir cantar en una taberna es un contradiós intolerable. ¿Qué sería del cante alentejano, ahora elevado a patrimonio cultural universal por la UNESCO, si impidiésemos su interpretación en la cálida camaradería de las tabernas sabatinas? El vino y el cante se relacionan en perfecta simbiosis y prohibir ese maridaje se nos antoja un capricho incomprensible originado en la ignorancia de sus provechosos efectos sobre los individuos y sobre la salud comunitaria. Pues bien: además de cumplir funciones terapéuticas evidentes, reconfortando el cuerpo y el espíritu ante las asechanzas del mundo exterior, las tabernas realizan otras benéficas tareas de difusión cultural que mucho tienen que ver con la gran capacidad creativa de los pueblos ibéricos. Así, fijándonos en las paredes tabernarias veremos que, aparte de servir como soporte a los reglamentarios almanaques donde, con saludable eclecticismo se alternan imágenes de la patrona del lugar y de señoritas en bolas, suele haber un muestrario de textos más o menos literarios donde el genio de la raza se manifiesta en todo su esplendor. Su lectura ameniza la estancia en el recinto, alegra la vista sin interferir la charla e incluso, con frecuencia, nos induce a profundas reflexiones sobre la existencia humana o las relaciones entre las personas. Creemos llegado el momento de rescatar de la penumbra estos testimonios y rendir homenaje a los anónimos autores del género tabernario. En nuestras asiduas visitas a las entrañables tabernas portuguesas hemos recopilado los materiales que glosamos a continuación.

Comenzaremos con dos muestras, procedentes de tabernas del concejo de Almada, en las que el humor suaviza ingeniosamente lo que sin duda es una amarga y lúcida interpretación del mundo desde el punto de vista de quienes padecen la historia.

I

Daquilo que sobra à nobreza,
diz o povo com razão,
matava a fome e a pobreza
e ainda sobrava pão.

(Con lo que sobra a la nobleza,
dice con razón el pueblo,
se mataban el hambre y la pobreza
y todavía sobraba pan).

O pobre e o rico são duas pessoas.
O soldado defende os dois.
O contribuinte paga os três.
O trabalhador trabalha para os quatro.
O vadio come dos cinco.
O usurário vigariza os seis.
O advogado defende os sete.
O bêbedo ri-se dos oito.
O confessor absolve os nove.
O médico mata os dez.
O cangalheiro enterra os onze.
E a Caixa da Providência fica com o dinheiro dos doze.

(El pobre y el rico son dos personas.
El soldado defiende a los dos.
El contribuyente paga por los tres.
El trabajador trabaja para los cuatro.
El golfo come de los cinco.
El usurero estafa a los seis.

El abogado defiende a los siete.
El borracho se ríe de los ocho.
El confesor absuelve a los nueve.
El médico mata a los diez.
El sepulturero entierra a los once.
Y la Caja de Providencia se queda con el dinero de los doce).

II

Ya decíamos que a menudo la literatura tabernaria bordea lo trascendente o se adentra en los terrenos profundos de la metafísica. Diríase que en muchos individuos la ingesta de alcohol y la meditación filosófica se complementan y estimulan recíprocamente, de manera que la cantidad de vino trasegado y la calidad de los pensamientos producidos guardan una proporcionalidad directa. Esta teoría valdría para justificar el alto porcentaje de dipsómanos entre los filósofos profesionales, y explicaría también la proliferación de textos de gran enjundia, con reflexiones tremendas sobre el mundo y sobre nosotros mismos, que aparecen en las paredes de las tabernas. Observad a una persona acodada en la barra de un bar y convendremos en que su prestancia nos evoca la figura concentrada del pensador de Rodin. El uno con la mano en la quijada, el otro ventajosamente en el vaso, ambos tienen un aire serio y trascendente que ennoblece el entorno e infunde inmediata confianza en el espectador. Reflexión y alcohol: he aquí un binomio que ha contribuido de modo decisivo al progreso espiritual del ser humano y a situar a éste en el lugar que le corresponde dentro del organigrama del universo. Como ilustración de la fecunda alianza entre el pensar y el beber, ofrecemos esta pequeña joya (algo misteriosa) transcrita en una tasca de Manique, concejo de Cascáis:

Pela verdade se gana
O odio dos inimigos,
Pela verdade se perde
A amizade dos amigos.

(Por la verdad se gana
El odio de los enemigos,
Por la verdad se pierde
La amistad de los amigos).

Se trata, como se ve, de una muestra de sabiduría popular en estado puro, cuyo origen debe buscarse en los sentimientos de escepticismo y descreimiento que a menudo se abaten sobre el pueblo sufriente. Mientras se mete un *penalti* (vaso grande de vino) entre pecho y espalda, Zé Povinho (trasunto de Juan Español) se enfrasca en cogitaciones como estas, derivadas de una experiencia repleta de sinsabores que sólo en el ámbito tabernario acierta a expresar con tal lucidez.

III

Por tradición, la taberna ha sido un recinto preferentemente masculino, donde el varón se solazaba mientras la mujer custodiaba a la prole y manejaba las cazuelas. Se podría pensar que había un acuerdo tácito mediante el cual la fémina no traspasaba el umbral de aquel androceo, lo cual no obstaba para que alguna más aguerrida irrumpiese en la tasca en busca del compañero y de allí lo sacase de mala manera, arrastrándole literalmente hacia el hogar entre reproches e insultos de grueso calibre. Con la incorporación femenina al trabajo remunerado, las mujeres asumieron también la costumbre de frecuentar los establecimientos hosteleros, aunque una mayoría se apuntó al pastel de Belém de media tarde en la cafetería, despreciando el vino peleón de la penumbra tabernaria.

La ausencia física de la mujer en la taberna portuguesa se compensa con una nutrida presencia icónica y literaria. Diríase que la nostalgia del complementario no encuentra otra forma mejor de expresarse que la proliferación de imágenes de señoritas sin ropa y en actitudes procaces. Sin embargo, este impacto visual primario se atenúa con textos más o menos divertidos que, a pesar de su carácter frecuentemente machista, constituyen muestras valiosas de ese ingenio, aquí tantas veces alabado, que tiene su más propicio cobijo en las paredes de las tabernas. En lo que se refiere a las imágenes, se trata de fotografías asociadas casi siempre a calendarios, lo cual no deja de establecer una perturbadora relación entre la fugacidad del tiempo y la caducidad de la belleza; los textos, objeto primordial de nuestra investigación, muestran tono ligero y son reflejo, en clave de humor, de la eterna dialéctica entre machos y hembras de la especie. Véanse si no estos dos ejemplos:

A minha sogra é uma santa:
Só é pena não estar no céu.

(Mi suegra es una santa:
Es una pena que no esté en el cielo).

Já o meu avô me dizia
E o meu pai repetia
Que a mulher não se empresta
E o tabaco não se fia.

(Ya decía mi abuelo
Y mi padre repetía
Que la mujer no se presta
Y el tabaco no se fía).

IV

Como es natural, no podían faltar en las tascas carteles que son verdaderas proclamas publicitarias en favor del producto más importante que en ellas se expende: el vino. El peligroso aumento del consumo de agua es hoy más visible que nunca, y se está generalizando el hábito de transportar una botellita de ese líquido a todos lados, venga o no a cuento. Hay, pues, que oponerse a esa tendencia, con avisos que adviertan sobre los riesgos de prescindir del alcohol. Y hay que hacerlo con donosura y buen estilo, como en las muestras que ilustran dos tabernas de Oeiras, cerca de Lisboa.

Ó, meu amor, dame vinho,
água não posso beber,
a água tem sanguessugas,
tenho medo de morrer.

(Amor mío, dame vino,
Que agua no puedo beber,
En el agua hay sanguijuelas,
Tengo miedo de morir).

Foi comprovado em pesquisa científica que se beberes mais de 1 litro de água por dia durante 1 ano, no final do ano terás ingerido mais de 1 Kg de coliformes, ou seja, 1 kg de MERDA. Já bebendo vinho não se corre esse risco uma vez que esses coliformes não sobrevivem ao processo de fermentaçao. Por isso peço que comuniques a todos os que bebem água que essa porra faz mal. Está dado o alerta! Depois não digam que eu nao avisei! Quem tiver consciência vai chegar à conclusão de que é muito melhor beber vinho e dizer merdas do que beber merdas e não dizer nada.

(Según una investigación científica está comprobado que si bebes más de 1 litro de agua diariamente durante 1 año, transcurrido ese año habrás ingerido más de 1 Kg de coliformes, o sea, 1 kilo de MIERDA. En cambio bebiendo vino no se corre tal riesgo, una vez que los coliformes no sobreviven al proceso de fermentación. Por eso te pido que comuniques a todos los que beben agua que esa porquería les perjudica. ¡Están avisados! ¡Luego no digan que no se lo advertí! Quien tenga algo de inteligencia debe entender que es mucho mejor beber vino y decir mierdas (idioteces) que beber mierda y no decir nada).

O esta otra vista en A Taberna do Lucas (Cuba, Alentejo):

Beba a vontade sem medo
Sem ficar com grão na asa,
A gente guarda segredo
E vamos leva-lo à casa.

(Beba lo que le apetezca
Sin emborracharse mucho,
Le guardamos el secreto
Y lo llevamos a casa).

V

Portugal, país de poetas. Y es cierto. Pero, sobre todo, de poetas populares, que ejercen su oficio en los eventos culturales de su villa o aldea y son respetados por los vecinos de modo parecido a como las comunidades primitivas respetaban al hechicero depositario de conjuros (palabras) que el resto de la tribu desconocía. El poeta popular de nuestro tiempo es ese pensionista que lee el periódico sentado en una mesa al fondo de la taberna y de vez en cuando interrumpe la lectura, echa un trago del vaso de vino y escribe algo en un papel arrugado. En cada pueblo del Alentejo hay por lo menos uno. Y las calles llevan los nombres de muchos de ellos. Por ejemplo: «António Aleixo, poeta popular». La manía clasificatoria de los portugueses se expresa aquí una vez más y a los poetas los dividen en poetas a secas y poetas populares, de igual modo que los fadistas son fadistas a secas o fadistas amadores, sin que nadie acierte a explicar la pertinencia de los adjetivos.

Los llamados poetas populares poseen una sorprendente corrección métrica y no se permiten un fallo rítmico. Es una cuestión de oído musical, tan desarrollado por estos pagos. Manejan metros tradicionales como la *cuadra* (cuarteta), pero también se atreven con décimas, sextinas y sextillas. Cuando el poeta popular acaba el cuartillo de vino, guarda el papel y vuelve a casa. Antes, si ha conseguido terminar la cuadra, se da un descanso como para celebrarlo, y luego se acerca a alguno de los parroquianos para leérsela. Finalmente, sale por la puerta con la hoja arrugada palpitando en el bolsillo, pero la poesía se queda un rato más en la taberna y tintinea gozosa entre los vasos. Aquel día el poeta popular había rematado estas cuadras que recogimos unos años más tarde, en un recorrido tabernario por el concejo de Sintra:

Já a minha avó dizia
Que mesmo em dia de festa
O tabaco não se fia
E o dinheiro não se empresta.

(Ya mi abuela decía
Que incluso en día de fiesta
El tabaco no se fía
Y el dinero no se presta).

Vizinhos do pé da porta
Quando não sejam leais,
Bom dia uma vez por dia
Já são conversas de mais.

(A los vecinos de puerta
Cuando no sean leales,
Con darles los buenos días
Ya son palabras de más).

VI

Entre las 6 y las ocho de la tarde los currantes que regresan del tajo recalan en la taberna para beberse una cerveza y reencontrarse con los colegas antes de cenar. Las sudadas ropas de faena contrastan con la pulcritud humilde del bar. Para mantener el recinto a salvo de maledicencias y broncas, los taberneros mantienen en las paredes admonitorias cuartetas que defienden la respetabilidad del local:

Se vens aqui como amigo
entra já que a casa é tua.
Se não vens também te digo
é melhor ficares na rua.

(Si es que vienes como amigo
Entra, que la casa es tuya.
Si no es así ya te digo
Que te quedes en la calle).

Quando nesta casa entrares
com a língua tem cautela
porque entraste pela porta
e podes sair pela janela.

(Cuando entres en esta casa
Con la lengua ten cautela
Porque entraste por la puerta
Y sales por la ventana).

VII

Las cabinas de los camioneros y las taquillas de las instalaciones militares han sido recintos frecuentemente ocupados por imágenes femeninas sin aportación textil. Las fotos constituyen una manifestación de la soledad del macho procreador en ambientes tan hostiles como la carretera y los cuarteles, donde las horas transcurren con lentitud y la mente tiende a distraerse con ensoñaciones nostálgicas en torno a la otra parte de la especie. En ocasiones, erotismo y escatología aparecen unidos, y en ese caso prefieren la taberna como hábitat más propicio. El género *cacaculopís* cuenta en Portugal con aventajados cultivadores que no suelen alcanzar las cotas de crudeza de los españoles y son ciertamente notables por la funcionalidad e ingenio de su lenguaje. Las paredes de los retretes son el soporte que mejor se presta para fijar las creaciones a que nos referimos. En el servicio del Sport Clube Sacavenense conocimos una delicada muestra, primorosamente caligrafiada, que dice así:

ATENÇÃO: É favor urinar dentro da sanita. Caso tenha dificuldade, sente-se. Caso ainda ocorra algum acidente: LIMPE. Obrigado.

(ATENCIÓN: Se pide por favor que orinen dentro de la taza. En caso de que le resulte difícil, siéntese. En caso de que todavía ocurra algún accidente: LIMPIE. Gracias).

¿No es magnífico? Compárese, por ejemplo, con el agreste «Caga feliz, caga contento, pero, hijoputa, cágate dentro», tan abundante en los sanitarios españoles. No hay color.

Existen textos más especializados, que se adentran en la descripción pormenorizada de alguna manifestación fisiológica y alcanzan cotas de lirismo realmente singulares. Comprobémoslo en el poema de Augusto Gil, transcrito de los sanitarios de «A Taverna dos trovadores», en San Pedro de Sintra:

Quando o intestino
arma em tenor
e canta fino
não há fedor.
Se o som é forte e baritonal
e mal que rompa de repente estaque
temos o que na fúria intestinal
se chama:Traque.
Espalha um cheirozito, uma pitada
que o beque surpreendeu mas não reteve,
quase nada, coisa leve...
Se a tripa inteira corneteia e rufa
num concertante
de ópera bufa,
já não é simples sainete
nem a sonância nem o mais que expele:
é um cheirete
de alto lá com ele…

Se o som, porém, é como o ai duma donzela
que tem penas de amor e que as não conta aos pais,
se põe na roupa a viva cor duma aguarela
e suja o rabo,
então cheira muito mais,
muitíssimo mais, ó alma do diabo.

(Cuando el intestino
es un tenor
que canta con voz fina,
no hay mal olor.
Si el sonido es fuerte y baritonal
Y estalla de repente
Tenemos lo que en la furia intestinal
Se llama gran pedo.
Expande un olorcillo casi imperceptible
Que sorprende a la nariz, pero no permanece,
Casi nada, cosa leve…
Cuando todas las tripas retumban
con estruendo
Como en un concierto
de ópera bufa
ya no es solo el sonido lo que de allí sale
es un hedor
de mucho cuidado…
Si el sonido, sin embargo,
Es como el ay de una doncella
Que tiene penas de amor que no cuenta a los padres,
Aparece en la ropa un color vivo de acuarela
Que mancha el trasero
Y entonces huele mucho más,
Muchísimo más, oh, diablos).

VIII

Los portugueses son maestros del discurso y la perífrasis. Únicamente los argentinos podrían hacerles sombra. No hace falta asistir a una sesión de la Asamblea de la República, donde los diputados pregonan su mercancía ideológica, incluso la más averiada, con una brillantez verbal poco usual. Basta entrar en una taberna o ponerse en la cola del pescado para escuchar discursos perfectamente construidos a partir de los asuntos más banales. Admiremos la precisión léxica y la perfecta concatenación de los periodos en la explicación del repartidor del gas al explayarse sobre el nuevo fichaje del Benfica; maravillémonos del ritmo impecable y la perfecta sintaxis de la peluquera cuando, con abrumadora aportación de datos, diserta sobre la necesidad terapéutica de capar sin piedad a los secuestradores de niños. Y, sobre todo, disfrutemos con la morosidad de esos razonamientos interminables que nacen de la convicción de que el tiempo es infinito y la prisa una ordinariez imperdonable.

El párrafo que sigue es una construcción verbal notable ante la que deberían palidecer de envidia los autores de los rótulos mostrencos y planos que se imprimen en las cajetillas de tabaco para aterrorizar a quienes fuman. Dice así:

FUMANTES:

A fumaça do seu cigarro é o resíduo do seu prazer. Porém, ela polui o ar, o meu cabelo, a minha roupa e os meus pulmões. Tudo isto sem o meu consentimento. Acontece que eu também tenho um prazer: gosto de tomar uma cervejinha. O resíduo do meu prazer é a urina. Você ficaria aborrecido se eu fizesse «uma mijinha» na sua cabeça?

(Transcrito en un bar del barrio de Ajuda, en Lisboa).

(FUMADORES:

El humo de su cigarro es el residuo de su placer. Sin embargo, contamina el aire, mi pelo, mi ropa y mis pulmones. Todo esto sin mi consentimiento. Ocurre que yo también tengo un placer: me gusta tomarme una cerveza. El residuo de ese placer es mi orina. ¿Usted se enfadaría si echase una meada sobre su cabeza?).

IX

El número cabalístico por excelencia, el 3, aparece constantemente en culturas muy diversas para compendiar, enumerar o definir conceptos y circunstancias que van desde lo trivial hasta lo metafísico. Tres eran tres las hijas de Elena, por ejemplo; tres son también las heridas del poema de Miguel Hernández (Vida, Muerte y Amor); tres así mismo (Padre, Hijo y Espíritu Santo) las personas del dios cristiano. El hecho de haber puesto 3 ejemplos sobre la importancia del 3, tampoco es ajeno a lo que decimos. En la política, tal guarismo es una presencia habitual. Los militares portugueses que hicieron la revolución de Abril del 74 proclamaron rápidamente que sus propósitos se resumían en *tres* Des: Democracia, Descolonización, Desarrollo. Pero ya el dictador que les precediera, Oliveira Salazar, había mantenido a su pueblo bajo el peso de tres fatales efes con las que trataba de distraerlos de otros pensamientos: Fútbol, Fado y Fátima. La asociación de estas *tres* efes constituye una versión mejorada del romano «pan y circo», y posee una entidad filosófica que le da alguna grandeza, y cualidades narcóticas casi inigualables; tal vez haya cierta redundancia en la mención al fútbol y a Fátima, visto que el primero se ha transformado en la verdadera religión de nuestros días, pero ello no resta un ápice a la eficacia de la fórmula. El texto que transcribimos, copiado en una taberna de Bucelas, vuelve a mezclar *tres* categorías, en este caso nacionalismo, fútbol y afectos para formar una síntesis reveladora del sentir más profundo de un pueblo.

Não há nada mais importante
do que aquilo que Deus fez:
dar amor e ser amado,
ser benfiquista e portugués.

(No hay nada más importante
Que aquello que hizo Dios:
Dar amor y ser amado,
Ser benfiquista y portugués).

Sigamos con el 3. El fútbol es un elemento que actúa sobre la vida portuguesa de manera permanente. Si en España se ha llegado a modificar la hora de algunos debates parlamentarios decisivos para que sus señorías pudieran ver el partido en la tele, en Portugal no van a la zaga y el fútbol divide a la población en dos segmentos de imposible conciliación: los benfiquistas y el resto, repartidos entre sportinguistas y portistas. Esto a pesar de que hace muchos años que el equipo de proa, el que ha conseguido más títulos nacionales y hasta europeos es el Oporto. En Lisboa lo del Oporto es visto como un accidente pasajero y el Benfica, temporada tras temporada, intenta recuperar la hegemonía y con una extraña pertinacia contrata entrenadores españoles que después de un año de trabajo dejan al club más hundido de lo que estaba. Los entrenadores, en ese periodo comparecen en miles de entrevistas, porque es sabido que en Portugal el que no habla mucho es sospechoso. A los tres meses ya consideran que saben lo suficiente de la lengua autóctona y empiezan a soltar, venga o no a cuento, las pocas palabras que han aprendido en las clases de portugués que algún iluso les imparte. Las palabras siempre son las mismas: «llogadores» (jugadores), «llogo» (partido), «golo» (gol)... A los seis meses ya saben decir «canto» (córner) y «adeptos» (hinchas), pero claro, el equipo continúa dando tumbos y los entrenadores son devueltos a España antes de completar su aprendizaje. En las temporadas pasadas las apariciones televisivas de los entrenadores españoles han dado momentos de humor inolvidables. Ver y oír a Camacho, como comentamos en otro lugar del libro, explicando, con su gesto habitualmente adusto y en una jerga que él debía identificar con el portugués, los errores del árbitro al señalar los fuera de juego, no se paga con dinero. Menos mal que la televisión lusa tiene la piadosa costumbre de no olvidar nunca los subtítulos si un español intenta expresarse en la lengua de Camões.

Siempre se ha considerado al Benfica el equipo de los pobres, frente al aristocrático Sporting del señorial barrio de Alvalade. Pero esto también forma parte de la leyenda. Hoy en día, el Benfica, y el resto de los grandes clubs son poderosas empresas cargadas de deudas, mal gestionadas, pero con un patrimonio impresionante. Empresas gobernadas por personajes de dudosa solvencia moral o en conflicto abierto con la legalidad (esto seguro que nos recuerda algo a los españoles), contra los que la justicia se muestra impotente. Para presentarse a las elecciones presidenciales del Benfica es necesario poseer un aval bancario de 58 millones de euros. Cosa de pobres, como se ve.

Pero también el Benfica es más, mucho más que un club, con seguidores en el último rincón de Portugal y peñas en los cinco continentes. Su animal emblemático es el águila (estadio da Luz), en contraposición al león del Sporting (estadio de Alvalade) y al dragón del Oporto (antiguo estadio das Antas). Ya se vio en el texto anterior que ser benfiquista toca a lo más hondo de la esencia humana. Para corroborarlo, veamos esta joya expuesta en un bar del popular barrio de Cacém, donde se enumeran las razones que nos conducen a la inevitable militancia en ese club:

Há 3 razões lógicas para se ser benfiquista:

A razão natural. A mulher da à Luz, não da às Antas, nem à Alvalade.

A razão bíblica. Há uma passagem da Bíblia que diz: Dominarei os Leões e os Dragões e voarei para o Céu sobre as asas de uma águia.

A razão teológica. Jesus Cristo encarnou, não azulou nem esverdeou.

(Hay tres razones lógicas para ser benfiquista:

La razón natural. La mujer da a Luz, no da «a Antas» ni «a Alvalade».

La razón bíblica. Hay un pasaje bíblico que dice: dominaré a los leones y a los dragones y volaré hacia el cielo sobre las alas de un águila.

La razón teológica. Jesucristo se encarnó, no azuleó, ni verdeció).

Apabullante.

X

En todos los países se generan numerosos tópicos acerca de las virtudes y defectos de las personas según su región de origen. Es probable que este hecho se deba a que la propia noción de país es confusa y aunque pretenda remitirnos a una cierta idea de unidad («Mi país es España, mi país es Portugal»), existe dentro de esas unidades una diversidad que se refleja en los calificativos que se adjudican al personal, casi siempre a través de prejuicios injustos, conforme el lugar de nacimiento. Y así como en España se considera que todos los catalanes son avaros y trabajadores, todos los andaluces indolentes y todos los asturianos locos, vanos y malos cristianos, en Portugal, siempre con más sutileza, aplican la receta a las ciudades y se dice que «mientras Oporto trabaja, Coimbra estudia y Lisboa canta». El excesivo sambenito de vagos les toca aquí a los sufridos alentejanos que, siendo tierra de excelentes poetas populares, contraatacan con coplas como esta, anotada en un bar de Beja:

Dizem as bocas amargas
que eu a trabalhar sou mole,
então venham um dia
trabalhar de sol a sol.

(Dicen las lenguas amargas
Que no me gusta el trabajo,
Que vengan conmigo un día
A trabajar de sol a sol).

XI

Las tabernas fueron siempre lugar de encuentro, donde la ingestión alcohólica y el charloteo se complementan placenteramente. No lo entienden así ciertos taberneros, que desearían para sus locales el recogimiento propio de las capillas. Los hay que optan por acotar los «escándalos» con advertencias como la que tomamos de un bar zamorano: «A partir de las 24 horas no se permitirán escándalos dentro del local (cantar, chillar, hablar alto, etc.)».

Forman también parte de nuestra tradición aquellos inefables «Se prohíbe hacer aguas mayores o menores», que perviven en algunos pueblos o ciudades. Nadie se resiste al incomparable placer de prohibir. No importa el grado de autoridad que se ejerza. Ministros, guardias, porteros o conserjes, cada uno de ellos en su ámbito, se esfuerzan en inventar o aplicar normas al resto de la población para dejar bien claro lo que no se debe hacer.

En Portugal también se prohíbe, faltaría más. Sin embargo, el gusto por las buenas maneras, la sutileza para encubrir contenidos que puedan herir al receptor, la tendencia al rodeo y la perífrasis restan dramatismo a este tipo de avisos que raramente poseen el carácter conminatorio de los españoles. Ofrecemos dos ejemplos. El primero lo encontramos en tascas de norte a sur del país y en vez de recurrir a la amenaza implícita en toda prohibición, advierte sobre el déficit de urbanidad que llevaría aparejada la comisión de la falta:

Freguês educado não cospe no chão, não pede fiado, não diz palavrão.

(El cliente educado no escupe en el suelo, no pide fiado, no dice palabrotas).

Delicadeza suma, como se ve. El aspecto de la venta fiada se aborda en otras latitudes con un lenguaje y una gestualidad abiertamente agresivos. En algunos botecos brasileños, por ejemplo, hemos leído un cartel que advierte sin miramientos: *Para não haver trastorno/ aqui neste barracão/ só vendo fiado a corno/ filho da puta ou ladrão.* (Para que no haya problemas/ aquí en este barracón/ solo le fío a un cornudo/ hijo de puta o ladrón). He aquí la versión *light* portuguesa leída en el Alentejo:

O fiado me da percas
E a perca me da cuidados;
Para vender sem ter percas,
Não posso vender fiado.

(Al fiar pierdo dinero
Y gano preocupaciones;
Para no andar preocupado,
Evito vender fiado).

El segundo texto referido a prohibiciones expresadas con delicadeza está fijado en un pequeño bar cercano a la Rua Augusta, en plena Baixa lisboeta. Tal vez el hecho de estar en el centro explique la queja sobre el ruido excesivo, hecho realmente insólito en los establecimientos hosteleros portugueses, donde no es raro que los clientes vean los noticiarios sin sonido para evitar perturbaciones acústicas al resto de los comensales. El gerente asume su responsabilidad en el asunto (el local es pequeño) y suplica:

Devido às pequenas dimensões desta casa pedimos aos nossos estimados clientes para não conversarem em voz alta a fim de nos podermos fazer ouvir. A Gerência agradece.

(Debido a las pequeñas dimensiones del local pedimos a nuestros estimados clientes que no hablen en voz alta para poder oírnos unos a otros. La Dirección se lo agradece).

Humor y finura aliados para, sin ofender, lograr el fin propuesto.

XII

Desde Anacreonte y Catulo hasta Fernando Pessoa, pasando por Omar Kayaan, Baltasar de Alcázar, Meléndez Valdés y una legión de ilustres dipsómanos, el vino es y ha sido uno de los productos más elogiados en la literatura universal. Ya los latinos anunciaban que *bonum vinum laetificat cor hominis*, sostenían que los borrachos desconocen la mentira porque *in vino veritas* y registraban que *sine Cerere et Libero friget Venus*, alabando la asociación de vino y comida para favorecer el amor. La literatura popular está repleta de alabanzas al vino y a sus efectos, en las que no faltan agudas reflexiones sociológicas: *Cuando se emborracha un pobre/ todos dicen: ¡borrachón!/ Cuando se emborracha un rico:/ ¡qué gracioso está el señor!* Una cuadra que cuenta con innumerables versiones, como aquella popularizada por Sérgio Godinho: *Quando se embebeda o pobre/ dizem: olha o borrachão./ Cuando se embebeda o rico/ acham graça ao figurão.*

Elegimos para terminar nuestra recopilación esta estrofa procedente de una taberna del concejo de Mafra. Por allí anduvieron Blimunda y Sete-Sóis, los personajes creados por Saramago para su «Memorial del Convento». Seguro que ya entonces existían paredes ilustradas con muestras de agudeza humorística semejantes a la que transcribimos.

O vinho é coisa santa
Que nasce da cepa torta,
A uns faz perder o tino,
E a outros errar a porta.

(El vino es cosa sagrada
Que nace en cepa torcida,
A unos les hace perder el tino,
A otros equivocarse de puerta).

Y como colofón de este catálogo de textos tabernarios, nada más adecuado que una sentencia latina que emana de todos ellos: *Acuit vinum ingenium.*

NOTA FINAL

Tal como sugiere el título, Portugal (en opinión del autor) continúa siendo una realidad casi invisible para las otras tribus que compartimos la misma península. Este libro es una modesta invitación para conocer aspectos de la identidad, usos y costumbres de nuestros vecinos. Portugal es un país profundamente asimétrico, cuyos fortísimos contrastes se hacen aún más notorios con la última crisis financiera, y junto a la posmodernidad derivada de un capitalismo en su fase más voraz, concentrado en las grandes ciudades, está el interior casi despoblado donde la tradición rural tiene todavía una notable impronta sociológica; al lado de la opulencia de una minoría cada vez más rica, encontramos un número creciente de pobres, desempleados y excluidos sin ningún tipo de apoyo institucional. Para conocer el país es necesario contactar con todas estas realidades pues, en caso contrario, nuestra visión pecará de parcialidad y aparecerá viciada por los habituales clichés utilizados por la mayoría de los españoles cuando se refieren a Portugal y a los portugueses. No perdamos nunca de vista que, al margen de contrastes y avatares, hay un pueblo con una tradición cultural impresionante y una capacidad creativa que los desgobiernos de las últimas décadas no han sabido aprovechar.

Y seamos optimistas: algún día se producirá el encuentro real -republicano, mejor- entre las comunidades ibéricas. Entonces nos (re)conoceremos y textos como este serán perfectamente inútiles e innecesarios.

BIBLIOGRAFÍA MÍNIMA
PARA SEGUIR APROXIMÁNDOSE A PORTUGAL

Costa Santos, Antonio. *10 Razões para amar e odiar Portugal.* Lisboa: Ed. Guerra e Paz, 2009.

Cunhal, Álvaro. *A verdade e a mentira na Revolução de Abril.* Lisboa: Editorial Avante!, 1999.

Esteves Cardoso, Miguel. *A causa das coisas.* Lisboa: Assírio & Alvim, 1986.

Freire Antunes, José. *Os espanhóis e Portugal.* Cruz Quebrada, Oficina dos Livros, 2003.

Gil, José. *Portugal: O medo de existir.* Lisboa: Relogio D`água, 2007.

Gil, José. *Em busca da identidade - O desnorte.* Lisboa, Relógio D`água, 2009.

Hewitt, Richard. *Uma casa em Portugal.* Lisboa, Gradiva, 1999.

Pimenta, Alberto. *Discurso sobre o filho da puta.* Lisboa, Teorema,1977.

Rezzola, Maria Inácia. *25 de Abril: Mitos de uma revolução.* Lisboa, A esfera dos Livros, 2008.

Sousa Santos, Boaventura. *Portugal: ensayo contra a autoflagelação.* Coimbra: Almedina, 2011.

V.V.A.A.: *Os anos de Abril.* Verso da historia, 2014

ÍNDICE ONOMÁSTICO

Este libro se terminó de imprimir
en Huarte, España, en el mes de
abril de 2015

Made in United States
North Haven, CT
17 October 2026

20543552R00124